我的第一本科学漫画书

科学实验王

升级版

KEXUE SHIYAN WANG

[韩] 故事工厂/著
[韩] 弘钟贤/绘
徐月珠/译

21 二十一世纪出版社集团
21st Century Publishing Group

通过实验培养创新思考能力

少年儿童的科学教育是关系到民族兴衰的大事。教育家陶行知早就谈到："科学要从小教起。我们要造就一个科学的民族，必要在民族的嫩芽——儿童——上去加工培植。"但是现代科学教育因受升学和考试压力的影响，始终无法摆脱以死记硬背为主的架构，我们也因此在培养有创新思考能力的科学人才方面，收效不是很理想。

在这样的现实环境下，强调实验的科学漫画《科学实验王》的出现，对老师、家长和学生而言，是件令人高兴的事。

现在的科学教育强调"做科学"，注重科学实验，而科学教育也必须贴近孩子们的生活，才能培养孩子们对科学的兴趣，发展他们与生俱来的探索未知世界的好奇心。《科学实验王》这套书正是符合了现代科学教育理念的。它不仅以孩子们喜闻乐见的漫画形式向他们传递了一般科学常识，更通过实验比赛和借此成长的主角间有趣的故事情节，让孩子们在快乐中接触平时看似艰深的科学领域，进而享受其中的乐趣，乐于用科学知识解释现象，解决问题。实验用到的器材多来自孩子们的日常生活，便于操作，例如水煮蛋、生鸡蛋、签字笔、绳子等；实验内容也涵盖了日常生活中经常应用的科学常识，为中学相关内容的学习打下基础。

回想我自己的少年儿童时代，跟现在是很不一样的。我到了初中二年级才接触到物理知识，初中三年级才上化学课。真羡慕现在的孩子们，这套“科学漫画书”使他们更早地接触到科学知识，体验到动手实验的乐趣。希望孩子们能在《科学实验王》的轻松阅读中爱上科学实验，培养创新思考能力。

北京四中 物理教研组组长 物理高级教师 厉璀琳

作者序

伟大发明大都来自科学实验！

所谓实验，是为了检验某种科学理论或假设而进行某种操作或进行某种活动，多指在特定条件下，通过某种操作使实验对象产生变化，观察现象，并分析其变化原因。许多科学家利用实验学习各种理论，或是将自己的假设加以证实。因此实验也常常衍生出伟大的发现和发明。

人们曾认为炼金术可以利用石头或铁等制作黄金。以发现“万有引力定律”闻名的艾萨克·牛顿（Isaac Newton）不仅是一位物理学家，也是一位炼金术士；而据说出现于“哈利·波特”系列中的尼可·勒梅（Nicholas Flamel），也是以历史上实际存在的炼金术士为原型。虽然炼金术最终还是宣告失败，但在此过程中经过无数挑战和失败所累积的知识，却进而催生了一门新的学问——化学。无论是想要验证、挑战还是推翻科学理论，都必须从实验着手。

主角范小宇是个虽然对读书和科学毫无兴趣，但在日常生活中却能不知不觉灵活运用科学理论的顽皮小学生。学校自从开设了实验社之后，便开始经历一连串的意外事件。对科学实验毫无所知的他能否克服重重困难，真正体会到科学实验的真谛，与实验社的其他成员一起，带领黎明小学实验社赢得全国大赛呢？请大家一起来体会动手做实验的乐趣吧！

目录

人物介绍

范小宇

所属单位：黎明小学实验社

观察内容：

· 陷入自我膨胀的幻象中，认为所有的事件和阴谋都是自己太过聪明造成的。

· 为了成为柯有学老师的门下弟子，努力寻找无敌的实验。

观察结果：就连解决危机的方法和传达快乐的方法都想通过实验求得，是真心地想成为实验王。

江士元

所属单位：黎明小学实验社

观察内容：

· 物理领域的超级强者。

· 和现在不同，小时候有一双会微笑的眼睛。

· 口味刁钻，当所有人都在吃小吃时，只有他坚持吃有机蔬菜做成的三明治。

观察结果：通过对童年实验的美好回忆，消除和许大弘长久以来累积的误会和不满。

罗心怡

所属单位：黎明小学实验社

观察内容：

· 危急情况下会展现惊人的运动能力！

· 对无所不知的士元投以崇拜的眼神，引发小宇的强烈不满。

· 主动握住许大弘的手，让所有人感到意外。

观察结果：凡事只要冷静应对，就能找到解决方法。越是在危急的情况下，越能显示出她的与众不同。

何聪明

所属单位：黎明小学实验社

观察内容：

・是第一个在练习室听到小宇和心怡尖叫声的人。

・刺激小宇并告诉他，想成为柯有学老师的学生，必须有艾力克的水平。

观察结果：和小宇开的玩笑影响了决赛第五回合的结果。

许大弘

所属单位：太阳小学实验社

观察内容：

・为自己的不理智行为付出惨痛代价。

・确认了士元小时候到现在都不曾改变心意。

观察结果：经过此次事件，对原本是敌又是友的士元产生了不同的看法。

田在远

所属单位：未来小学实验社

观察内容：

・突然现身，并提供了解决问题的关键线索，之后又像云烟一样消失了。

・只要跟小宇在一起，就会显得特别兴奋。

观察结果：一直默默地在小宇身旁打转。

其他登场人物

❶ 在关键时刻消失的艾力克。

❷ 被逼到绝境的太阳小学校长。

❸ 在评议委员会中发表意外声明的柯有学老师。

第一部 我一定会赢

闹哄哄
闹哄哄
闹哄哄
决赛第四回合
太阳小学VS大星小学

虽然比赛已经进行到一半了，但还是无法断定两个学校的输赢，这到底是怎么回事呢？
虽然决赛压力大是难免的，但得赶快摆脱这种胶着状态。是否能更专注在比赛上，将会是得胜的关键。

喧闹
喧闹

一瞥
江士元！
我很怕你输给我。
跟我保证你会堂堂正正地做实验。

狂妄自大的小子！
什么？怕我输给你？
堂堂正正地做实验？
等着瞧吧！
我一定会让你知道
你错了！
握拳
这场过山车的
比赛……
用到两种能量。

重力势能
物体由于受到重力并处在一定高度时所具有的能，和物体的质量、高度成正比。
高度
地面
分别是物体在地球重力场中，因所在位置不同而具有的重力势能，还有运动中的物体所具有的动能。
动能
运动中的物体所具有的能，和物体的质量及速度的平方成正比。
运动方向
但你错了！
你老是瞧不起我，
不管我做什么事都
用那种眼神看我！
也许你觉得你
总是高我一等，

位能：最大
动能：0
在过山车实验里，物体从出发点到终点的运动过程中，势能和动能会互相转化。像现在珠子在最高处时，势能为最大，但因为珠子是静止的状态，所以动能为0。
捏
咚
但当我放下珠子，
随着珠子快速滚落，势能减少，动能则增加。
滑动
滑溜
接着当珠子再度滑到高处，势能会再度增加。
唰啦
而当珠子越接近地面时，动能则会越来越大。
像这样，珠子滚到终点的过程中，两种能会不断互相转化。
咚

啪
能常常像这样，会从一种形式转化成另一种形式！

能的形式随时都能通过各种方式做转化！
所以你少臭美了。
哗啦啦啦
哗啦啦啦
能的形式虽然会随着环境和条件的不同而有所改变，
但没有什么能是会永远保持在最高点的！江士元，你可不要以为你永远都会那么幸运！

摇头
摇头

锵
?!

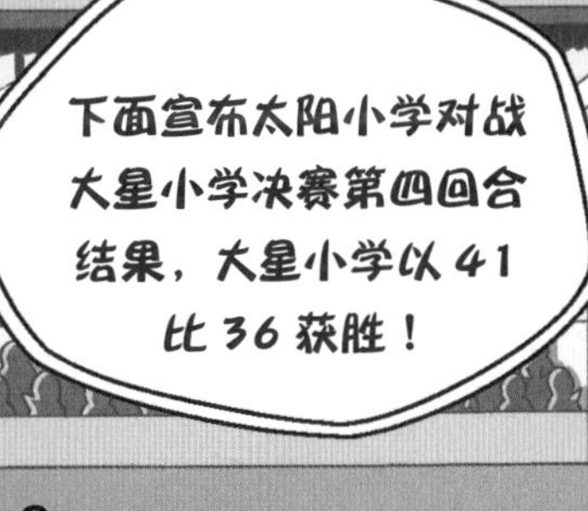
下面宣布太阳小学对战大星小学决赛第四回合结果，大星小学以41比36获胜！

闹哄哄

什么？
太阳小学
大星小学
复审
计
主审
7
12.5
内容
7
7
11
态度
8
7
12.5
报告
锵锵
6
7
36 分
锵
6
41 分
我们……输了？
这是怎么
回事？
怎么可能？
应该是
我们赢吧……
一定是哪里
出错了！
沙沙
沙沙

锵
锵
锵
嗯？

那个……
老师回来了！

老师！
老师的宝贝
小宇来……
恭喜了，艾力克。
停住
冷
老师？
真是没料到。
你是哪个学校的？
你应该清楚地知道，
这个胜利代表着
什么意义吧？

当然了！
抽动
今天因为我们的胜利，决赛的对战变得越来越有趣了。
还有最重要的一点，这个比赛再也不会因为某个人而变得肮脏卑鄙。还要我说下去吗？

？！

愣！
今天比赛场地很脏吗？
这样想来好像是有挺多灰尘的……

咬牙
你现在是在嘲讽我吗？
很好，那我就让你再也无法在这个比赛场上见到柯有学老师！

虽然我还想继续恭喜你，
但我得先走了。
冷笑
我必须准备
开会的资料。
耸
!!

不行！必须阻止他！

范小宇，黎明
小学实验意外的
真正原因是……
不安

是什么来着？
乙醚吗？
咦？

摸
啊，对！
是乙醚！
干吗突然
提这件事！

今天开会不就是要讨论
那天的意外吗？
搞不好可以找出是
谁害你陷入危险的呢！
这样一来，太阳小学校长
就会因为这件事变得很忙。
不安
！！
到底是什么
意思？
发生意外那天，
太阳小学在
申请实验材料
的表格上填写
了大量的乙醚。
可是那天太阳
小学做的实验并没有
使用到乙醚，说不定
是和你们的实验
材料调包了。
心跳加速

如果你说的是
事实……
哐哐哐哐
那么整起实验意外
的原因，就是让柯
有学老师陷入困境
的罪魁祸首？
不就是……

太大意了！
小看了那家伙，
竟然可能害到我自己！
他到底
知道了多少？
铮
真的是校长吗？
怎么可能？

沙
沙
这到底是谁
乱传的谣言？

你怎么会和那个
意外牵扯上关系？
太不像话了！
！！
快告诉我那
跟你没关系！不可
能跟你有关啊！

你怎么可能为了那点儿小小的
胜利，做出害学生陷入危险，
还差点儿毁掉一个老师的事情？
不可能！
猛抓
快跟我说
跟你没关系！

啪

怎么连你也这样？
你觉得我有可能为了赢过
黎明小学那种三流实验班，
而做出这种伤天害理的事情吗？
我完全听不懂你们在说什么。
没有证据就想指控我的人，
我一定会让他付出代价！
拍
拍
竟然想诬陷其他学校的
校长？这个世界到底是怎么
回事！我要把这件事也交给
委员会讨论！
沙沙
沙沙
！！
沙沙

得找出证据才行！

必须在委员会召开之前找到证据，否则太阳小学的校长就会害老师……
艾力克！

老师希望你能专心在实验社就好。
你懂我的意思吧？

我不要！我要帮助老师……

后退
撒娇
亲爱的老师！
踢开
小宇！

你还不懂老师
的心意吗？
继续强出头，
受伤的只会是你！
你应该不
想让这张脸
受伤吧？
快拿开
你的手！
从现在开始，
就让真正的主角
——我来负责吧！
现在不是开
玩笑的时候！
闲杂人等退场！
退场！
冷场中
嘎嘎
嘎嘎

你还搞不清
楚状况吗？
指
太阳小学校长的
最终目标是我！
那是什么意思？

所有人
听好了！
哼
嗯！
老师也听好了！
点头
点头
我在听。

故事要从那天那个意外说起。
第一集
太阳小学校长从一开始就被范小宇的天资吓到，下定决心除掉范小宇，还把实验材料调包。但坚强的范小宇却像不死之身一样存活下来了……不，是变得更强了！
所以他才会把目标转到柯有学老师身上。
请您收我为弟子。
谢谢你选我。
嗒嗒嗒
嗒嗒嗒
第二集
太阳小学校长为了打倒范小宇，诬陷指导老师是爆炸事件的罪魁祸首，借此除掉柯有学老师。
咔咔
咔咔
第三集
接连的失败让他决定把不如范小宇的艾力克，当成下次比赛的牺牲品，好赢得胜利。
没鱼，虾也好！
但天才范小宇识破了这件事。
艾力克，停住别动！
哗哗……
能拯救艾力克的人只有我！
为了世界的和平和正义，
该是我出面的时候了！
嗒
嗒

东西一定在办公室，我们快点儿过去把证据弄到手！
一定要办成！
锵锵
！！
他本来就那个德行吗？
还有比这个更夸张的时候！
沙沙
沙沙
沙沙
大家别走啊！少了主角，谜题是绝对解不开的！
等等我！
我有事件的线索！
嗒嗒嗒嗒
会议大概是
两小时的时间，动作要快！
这真是本有趣的科学奇幻小说！
女主角是谁啊？
来自星星的小宇

实验1 制作水碓

人类从很久以前就懂得利用各种工具，让费力的事情变得简单，像利用斜面提拉巨大石块来建造金字塔，使用杠杆原理撬动重物，以及利用水流的力量来舂米的水碓，等等。今天我们就要使用塑料汤匙和软木塞等材料，动手做实验，看看水碓的原理。

准备物品： 塑料汤匙6个、软木塞、锥子、长针或竹签、笔

❶ 在软木塞上标记出6个插进塑料汤匙的位置，间距要相同。

❷ 用锥子将标记好的位置戳个小洞，插入塑料汤匙后，把长针或竹签穿过软木塞的中间当作轴芯轴。

❸ 打开水龙头，让水流冲过汤匙，观察水碓的转动。

这是什么原理呢？

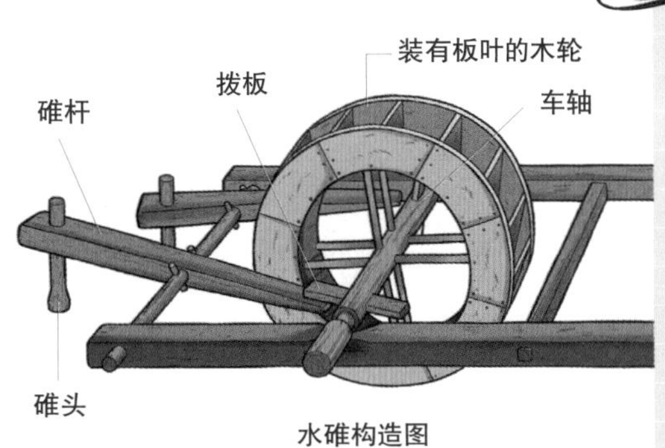

水碓构造图

水龙头流出的自来水打到塑料汤匙，汤匙就会借着水流的力量快速转动。实际上，这种构造再加上碓杆和碓头就是水碓。水流带动碓杆运动，碓头一上一下地捣打谷物，借此可以去除谷物的外壳，也就是所谓的“舂米”。整个水碓的运作，就是水流的动能不断转换成碓头上下移动的动能。

实验2 摩擦与能量转化

能量可以转化，例如摩擦而产生热能。比如说，把干燥的沙子装进纸杯上下摇动，被摇动的沙子就会产生热能。让我们通过简单的实验，一起来了解摩擦产生热能吧！

准备物品： 纸杯、沙子、温度计、铲子、纸袋（或塑胶袋）

❶ 到游乐园或运动场收集沙子。如果沙子是潮湿的状态，请先放在阳光下晒干再使用。

❷ 把沙子装到纸杯中，用温度计测量温度。

❸ 用手掌盖住纸杯，上下摇动至少50次。

❹ 用❷的方法再次测量沙子的温度。

❺ 再摇晃约 300 下后，再次测量沙子的温度。

这是什么原理呢?

摇晃纸杯时，纸杯中的沙子会因为摩擦产生热，沙子的温度提高，这是沙子的动能转化成热能的结果。在摇晃与搅拌的过程中，沙子的整体动能因碰撞而转化为沙子表面原子的不规则运动，这种不规则运动称为热运动。这种现象直接的表现就是温度的上升，也就是所谓的“摩擦生热”。

滑翔翼 降落时，势能转化成动能的过程中，部分会因为摩擦力和空气的阻力而转化成热能。

第二部 消失的证据

办公室

办
咔嚓
办公
抓
?!
我来确认就好，
你们回去吧！

回去？看过申请表
的人是我，只要找到
那张表单就行了，
到底为什么？
没错！
我是这起
事件的主角！
看太多
连续剧了……

还是按照柯有学老师
的话做吧！再参与下去，
连你们都会有危险。
比赛还没结束，
这里就交给我们吧！

可是，
老师——

艾力克……

$E=mc^2$！
怦然
啊……
???

就像质能关系式一样，这世界上也有永恒不变的东西，那就是信任。
这个气氛是……
我懂了。那么您一定要回来呀！
点头
当然了，那是我应该在的地方。
那我们也回到自己的位置吧！

怎么回事？那群顽固的小子竟然都退下了！
香口水
小宇！
别说话，那对我行不通的！
邪恶退散！
惊

保佑我！
我才不管那种奇怪的东西，任何事情都阻挡不了我……
办公室
咔嚓

停住
咦？你为什么会从这里出来？

你好。
快步
那我先走一步……

哼
哼，那小子走到哪里都那样！
慌张不安
办公室
打个招呼也不会吗？
……

您要继续
待在这边吗?
您不是该赶快找出证据抓住
罪魁祸首，才能安心地专注
在实验上吗?
柜台
摊

真是个难缠的小子。
叹

那你跟我约好，确认过后
就要立刻回去!
是!
嗒嗒嗒嗒

锵
咦?

借过一下。
挤
老师……你怎么会在
这个时间来这里?

该不会……
想毁灭证据？
不安

咬牙
我有点儿急，可以请您挪开肚子吗？
办不到。
你不懂尊老爱幼吗？

校长！
我来助您一臂之力！
嗒嗒嗒
交给我就对了！
哦哦哦哦
尴尬
不安
嗒嗒
我来了！
嗒嗒嗒
嗒

啪
服务台
东倒西歪
全
倒

练习室使用
申请表
递

呵呵呵
机会到手！
太阳小学的练习室
使用记录？
翻阅
翻阅
为什么
要找那个？

啊！
找到了吗？
嗒

不见了……
申请表……
什么？
有人撕走了！
锵
怎么会这样？
?!
怎么会有这种事？
翻阅
翻阅
我们明明是最早
到的人……
!!
嘎嚅

咦？
等等，
这样想起来
刚刚……
砰砰
该不会是
那家伙？

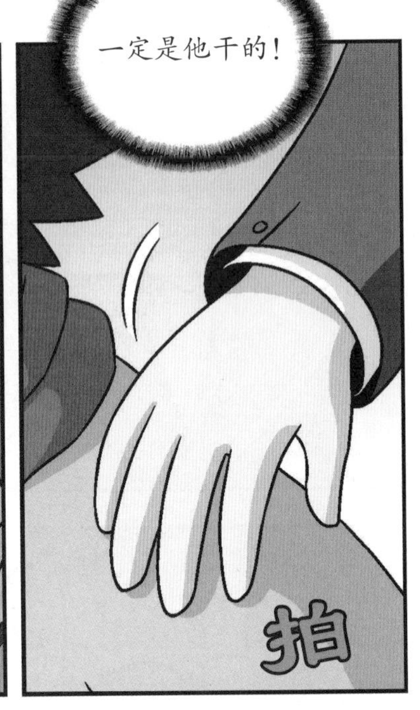
一定是他干的！
拍

小宇，你也别
太失望了。这件事
我们会看着办，
你就回去练习
吧……

失望？怎么会呢！
那这里就交给校长，
我先走啦！
拍拍
抖

有气无力
小宇啊！

刚刚我答应
老师了。
呵呵
既然已经
确认过，就该
回去准备明天
的比赛了。
呜
对，一言为定。
明明就很
失望啊……
你们在干吗？
不一起走吗？
啊……
你们不在乎这次
的比赛了吗？
怎么可能！
火冒三丈
锵
我们要先抓到才行！

嗒嗒嗒嗒
是许大弘！

那家伙
把申请表
带走了！
嗒
嗒
嗒
嗒
那么
刚刚……
没错，快去
追上那小子！

不要随意下结论！
没有任何证据证明
是他拿走的。
停住

对，你说得对。
所以，我们先
抓到他再说。
等等
再来质问，
好不好？
……
小宇……

出发吧！
发什么呆啊？
还不快跟上？
犹豫不决
呼呼呼呼呼
叹
好吧，那我们不要一群人一起行动，分开走吧！
心怡和小宇去练习室找，聪明负责寝室，我往许大弘离开的方向找。找到的话立刻联络！
嗒
出发！
不愧是士元！
嗒嗒
哈哈哈
嗒嗒
搞什么鬼？主角明明是我，为什么他们一天到晚听那家伙的话行动？
主角

抖抖
芯片镀铜
芯片、硫酸铜溶液、乙醚、漆包线
太阳小学

许大弘！

到底在哪里？

练习室 B
10 00
未来小学
伸手
推开
练习室 B
10 00
未来小学
喂，许大弘！

空无一人
咦？
翻
动
你以为我不知道
你躲在这里吗？
小宇，我这边
没找到，你呢？
啊！
哐
流泪
这边也没有……
那只剩一种
可能了。
嗯！
一定要把他找
出来，这样才能
帮助老师！
可是你不觉得
哪里怪怪的吗？
哪里怪？

艾力克那家伙，怎么可能这么容易就放弃了？
还是在这么重要的时间点？
啊！

刚刚老师讲的公式，我在学爱因斯坦的时候听过。

爱因斯坦？你是说那个蓬着白发并且个性古怪的科学家？
嗯，小宇你也知道他啊？

刚刚是说 $E=mc^2$ 对吧？
嗯，就是那个咒语！
也是啦，他可是改写科学历史的人呢！

哼！
这样想来，以前士元好像说过类似的话。
在医院里面说能量怎样的。
$E=mc^2$ 是爱因斯坦提出来的，它表述了物体质量与总能量之间的关系。
?

原来如此！
泪花
士元果然早就知道了！

其实我懂得也不多，只知道
有关质能方程的
部分内容。
以后要多跟
士元请教。
怒火
您在干什么？
我是
打工仔！

这是最后一间
练习室了。
练习室
那个方程
那么难？
连心怡都
不太懂？
究竟是什么东西？
咦？
门是开的！
尖叫！
吓人
啊！
哐
闪开！

许大弘，
快站住！
嗒
嗒
嗒
嗒
你为什么
要逃跑？
还不是因为
你一直追着
我跑！
嗒嗒
嗒
我们冷静
下来对话！
只要你回来，
我就不追究责任！
如果是你，
你会回去吗？
嗒
嗒
嗒
嗒
嗒
嗒嗒
你真的要做
这么绝吗？
那你把纸
留下来！
你以为我是
笨蛋吗？

快跑

啪

喘
喘
喘
锵
你已经没地方跑了。
窃笑
锵

包括存放打扫用具的储存室，这里一共有个厕位。
很好，那就开始寻找猎物吧！
沙沙
沙沙

这边没有！
哐当

这里也没有的话……
窃笑
那就只剩下……

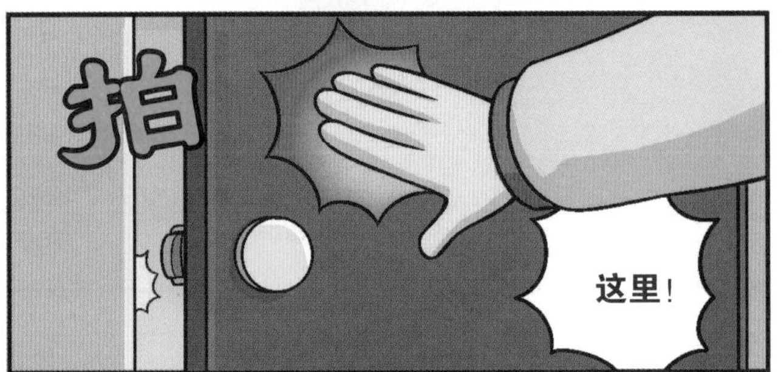
拍
这里！

哐
瑟缩
咔嚓
哗啦
啦啦啦

等等！
哗
啦
啦
啦

不要！
哗
啦
啦
啦
啦

改变世界的科学家——詹姆斯·焦耳

英国的物理学家詹姆斯·焦耳是确认能量守恒定律的主要贡献者，也是第一个发现机械能会转化成热能的科学家。焦耳在20岁左右时，受到导体相对磁场运动时会产生感应电流的“电磁感应”现象的启发，开启一连串针对功、电流和热力学的研究，发现当电流通过导体时会产生热，并总结出“焦耳定律”。

詹姆斯·普雷斯科特·焦耳
（1818—1889，James Prescott Joule）
现代通用的功、能量、热量的单位焦耳（J），就是为了纪念他而命名。

在这之后，焦耳为了找出热功当量的准确数值而进行了“焦耳实验”。焦耳当时使用一个两旁装有重锤的实验装置，重锤移动时就会带动桶中的搅拌器搅动水，产生热能。此时只要测量增高的水温，就能计算出热量。焦耳通过这个实验证明功可以转化成热，也证明了热是能的一种形态，这个发现成为日后能量守恒定律的基础。

另外，焦耳在气体动理学理论方面也做出了一些贡献，譬如，他指出热是分子运动的动能或分子间相互作用的能量，经过无数次实验求出气体分子热运动的速度值。

后来焦耳还和物理学家汤姆孙（Thomson）一同发表了“焦耳-汤姆孙效应（Joule-Thomson effect）”，也就是气体经多孔塞膨胀后，温度升高或下降的现象。这个发现日后被广泛地应用在空调和冰箱等制冷设备上。

焦耳实验
先把桶做隔热处理，绑在线上的重锤移动时就会带动搅拌器搅动桶里的水，水温就会升高，以此证明热也是能量的一种形态。

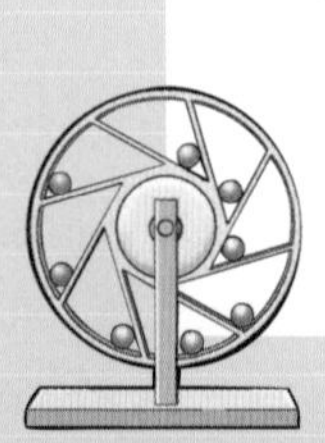

博士的实验室1

人类使用能量的历史

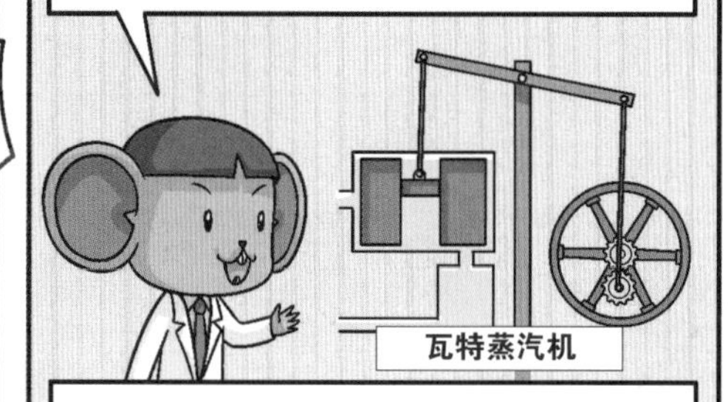

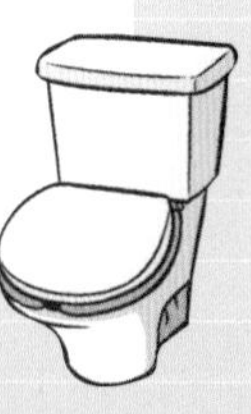

第三部

客观实用的定律

不不不不不不
哗啦啦啦
不不不
不不
这声音是?
你这家伙!
怒气冲天
小宇!
抖抖抖抖

嗒
你给我站住！
我为什么
要站住？

你不能就这样逃
跑！跟我们谈谈！
连你也要
来逼我吗？
挡

啪
惊！
挡
惊！
惊！
唰

你……你是谁啊？
喘喘喘
喘

猛抓

抓到了！
抓住
呃！

趁我好好说话的时候快放手！

放手！你这个死缠烂打的家伙！
我偏不放！
甩
你今天死定了！
甩
呜啊啊啊
落下
啊！
哦？
跌倒
啪

哐哐哐
啊！
啊
啊啊
哐
砰
咣当
我额头上是什么？
到底发生了
什么事……
这里是哪里？
我是谁？
静悄悄
晕眩
晕眩

士元!
嗒嗒
嗒
你也听到心怡的叫声了吗?
嗯!
要往哪个方向?
左顾右盼
我也就听到那么一声……
外面没有人吗?请帮帮我!
这个声音不是小宇吗?

到底发生什么事了？
在那边！
有人吗？
嗒嗒嗒嗒
有人被锁在厕所了！
哐当
帮帮忙！
快来人！
傻
哗啦
哗啦
?!
哗啦
砰
砰

你在干吗啊？
好脏呀！
喘
喘
喘
喘
你们来啦？

得赶快把这个
捞出来！
许大弘把申请表
丢到马桶里了！
啪
啪
这样也许
可以捞回来……
所以你现在
在通马桶？
嗯……
那你干吗喊人
帮忙啊？
啪
许大弘那家伙
现在在哪里？
我也吓到
了啊！
结果他的鞋子突然掉了，
就变成这样……
那家伙脚
力那么大，我抓得
那么紧，哪还有
办法乱动？
砰砰
砰砰
讲重点！

心怡跟许大弘跌进工具间，结果门坏了，他们就被锁在里面了。
先开门啊，在磨蹭什么？
哐
快开门！
哐
哐
哐
笑声

你叫人去帮他们开门了吗？
没有！
为什么？

你还不懂吗？心怡跟许大弘两个人在一起，我当然不能走！
低沉
快开门！
哐哐哐

聪明，你去找人帮忙，告诉他们这里的情况。
知道了。
那我继续忙了。

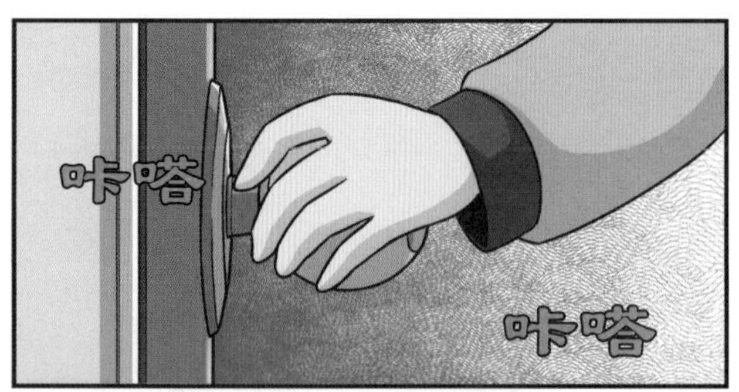
咔嗒
咔嗒

没用的！
能用的办法，
我早就试过了。
探头
我从外面拉，他们从里面推，但门还是动都不动。

……
咔嗒
咔嗒

偏偏在这时候拿去修了……
要是口袋里有螺丝刀，马上就能打开了……
呜……
……

你们两个没事吧？
嗯，我没事。
不过……

许大弘有点儿奇怪。
我什么事都没有，快开门！
喘
喘

许大弘，你还好吗？

让开！这全都是你的错！
我才不要死在这里！
快开门！
!!

妈！
那家伙该不会又在害怕吧？
探
上次去露营也是这样。

我知道了！你是不是想像上次一样演戏，以为我们就会心软放过你？
念头闪过
你都敢偷走申请表了，现在只不过被关在厕所工具间就抖成那样，像话吗？
……

不。
你怎么了？你很冷吗？
许大弘的手跟冰块儿一样！
抖抖
抖抖
抖抖
火冒三丈
什么？
他什么了？
快放开！
手跟冰块儿一样？
你继续演啊！小心我永远不放你出来！
什么？
够了，继续用那种话刺激他，可能会有危险。
刺激？
永远？
现在真正危险的人是心怡！

那家伙有幽闭恐惧症。
幽闭恐惧症？
他小时候曾经
在游泳池溺水昏迷，
从那之后……
所以说……
那时候！
颤抖
救命！
犹豫
喘
只要在水边，
或是狭小的空间
就会显得不安。
喘
喘
抖抖
抖抖
抖抖

许大弘的状况
好像越来越严重，
呼吸也变得很
急促。

只要到外面
就会没事了，
在那之前先
拜托你照顾他。
你先让他用舒服的
姿势靠在墙上。
来这边。
移动

递
用这个帮他擦冷汗吧！
放任不管的话会让体温
继续下降。

知道了。
拿开！
喘
喘
喘
转
稍等一下。
我去找
找看有
没有能让
他温暖身体
的东西。

温暖身体？
!!

你在干吗？
放开！
大惊
许大弘，
没关系的。
搓
搓
搓
这只是实验而已。
搓手不是会
摩擦生热吗？
喘
喘
实验？
嗯，能量转化实验。
摩擦手，会把动能
转化成热能。
啊……
啪
我都还没牵过的手，
那小子竟然……
怒火中烧
我连手指
都要喷火了！

啊，温暖的手！
就是那个，没错！
冬天带在身上的
暖宝宝！
手上握着暖宝宝，
不是就会温暖
许多吗？
唰
唰
唰
唰
唰
幸福傻笑
什么？
我们在化学实验书
里学过制作暖宝宝
的方法！
江士元，
你有办法做出来吧？
！！

要准备些什么？
嗯……
准备 300 克的醋酸钠，
大概可以做三个。
嗒
醋酸钠

300克的醋酸钠！
还有呢？
还有……
点头
烧杯和滴管。
醋酸钠
电子秤、酒精灯、
三脚架、镊子。
还要准备三个密封袋
跟三个铁制按扣。

锵
怎么样?
很完美吧?
嗯!

需要用到滚水，先用烧杯装水放到酒精灯上。
摆

在密封袋里倒入 100 克的醋酸钠，
滴入12 毫升的水，
放入一个按扣，

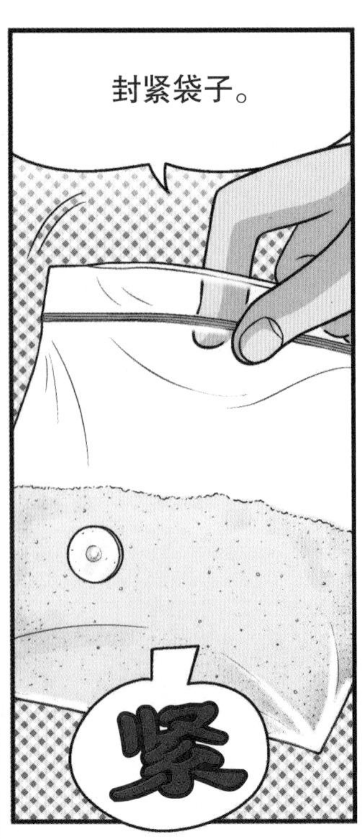
封紧袋子。
紧

很简单嘛！
我也做好两个了！
那么……

隔水持续加热，直到
醋酸钠完全溶解为止。
放

哦哦
原来！
你是要用热水
将暖宝宝加热啊！

不是。
傻笑

这是要使用醋酸钠的
过饱和溶液。
过饱？你吃
了什么吗？
看好！

咕嘟
咕嘟
咕嘟
你听过溶解吧？
就是物质均匀分散在另外一种物质里的现象。
溶解前
溶解中
溶解后

沸腾
哇，醋酸钠完全溶解在水里了！
那个就是过饱和状态吗？
不是所有物质溶解后都是过饱和状态。
比如说，我们把五水硫酸铜分次放入某一特定温度的 100 克水中，
当物质还能溶解时，称为不饱和溶液，
五水硫酸铜
水
而当物质溶解到一个最大状态，不管再怎么搅拌都无法再溶解时，就是饱和溶液。如果在这个状态下又溶解了更多物质，那就称为过饱和溶液，此时溶液的状态相当不稳定。
你拿这个。
嗯！
硫酸铜溶液的变化
不饱和溶液
饱和溶液
过饱和溶液

可是液体
也会不稳定
吗?
你折折看
那个铁制按扣。
对啊，
你放了这个呢!

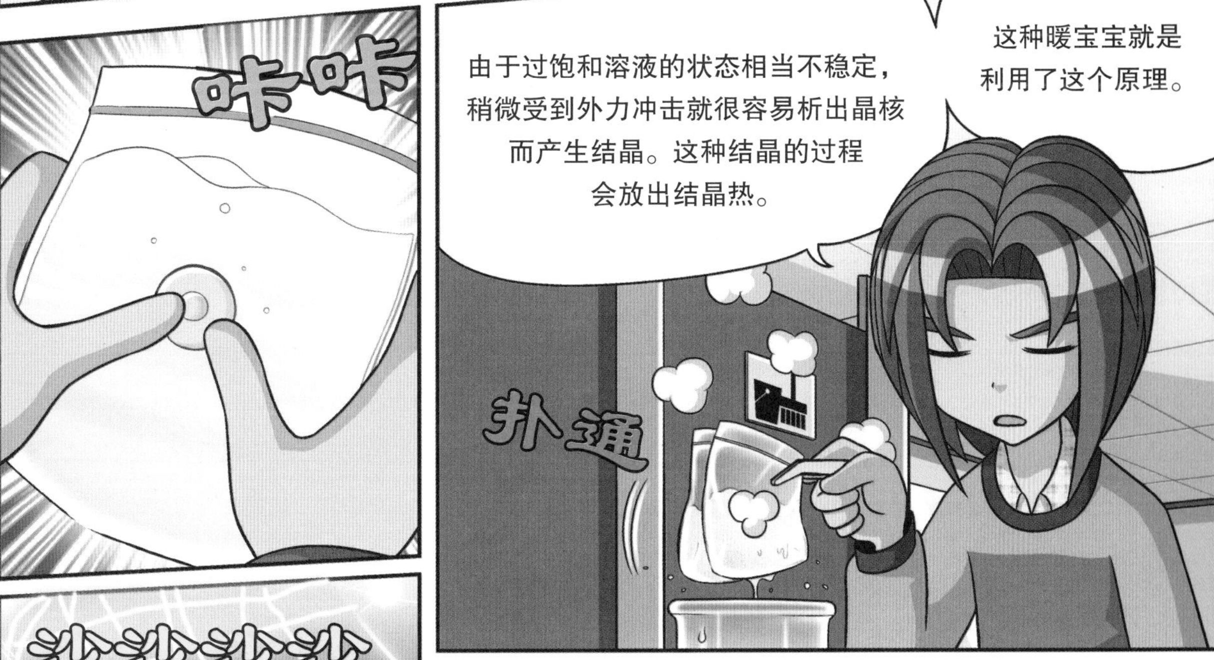
咔咔
由于过饱和溶液的状态相当不稳定，
稍微受到外力冲击就很容易析出晶核
而产生结晶。这种结晶的过程
会放出结晶热。
这种暖宝宝就是
利用了这个原理。
扑通

沙沙沙沙
哇！真的
变成固体了!
锵
它在变热呢!
烫烫烫

心怡，
接好这个。
我已经把暖宝宝
弄热了。
咚
咚

有了这个会好一点儿。
递
谢谢你。

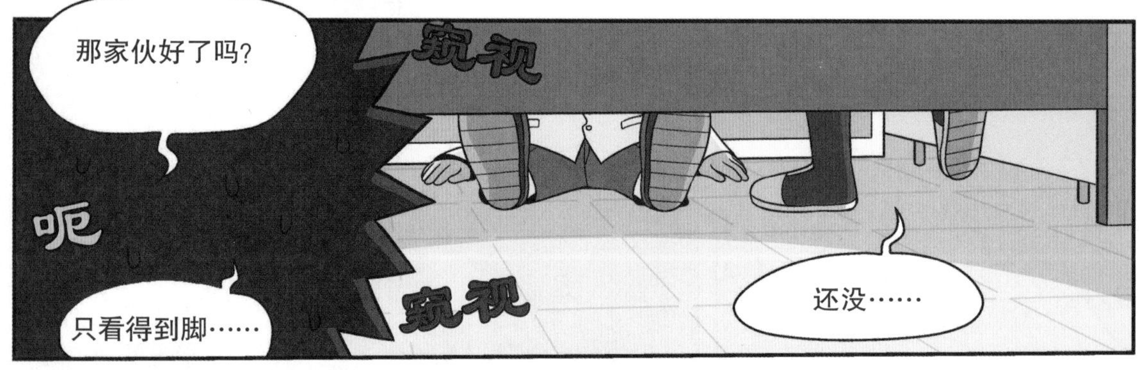
那家伙好了吗？
窥视
呃
只看得到脚……
窥视
还没……

早知道就多做
几个了！
应该很快就冷
掉了吧……
哎呀呀
别担心，
冷掉的话再加热
就可以重复使用。

哇，是可以无限
使用吗？
我要亲手
传给心怡。
递

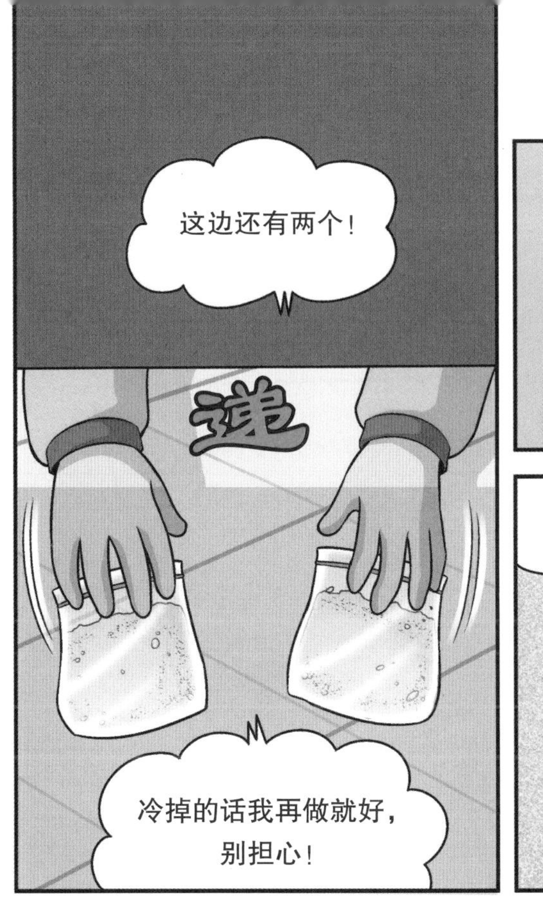
这边还有两个！
递
冷掉的话我再做就好，
别担心！

嗯！
温暖

这边……
拿开……
放

很快就会暖和起来了。
好温暖啊！
许大弘，
没什么好怕的！
我们会在这里
陪你，直到你
出来为止！
你已经尝到
苦果了！
旁边有人……
我没事，没……

哼！
我知道你们
为什么这么做！
喘
喘
就算这样也
没用！证据
已经……
不在我身上……
已经是改变不了的
事实……
自言自语
呃！
他在讲什么啊？

你少自以为是了。
不是我们把你逼到
绝境的。
这还说不是！
你不是也知道吗？
这个实验的原理！
震惊
实验的原理？

注 [1]：晶格能，在反应时，1mol 离子化合物中正、负离子从相互分离的气态结合成离子晶体时所放出的能量，单位为 kJ/mol。

生活中的各种能源

能的形式有很多种，包括热能、势能、动能、光能、电能等，而可以产生能量的自然资源，就称为能源。人类从出生到死亡，每时每刻都在消耗能量，例如吃东西从食物中摄取的化学能、使用各种电器时需要的电能等。现在就让我们来整理生活中最常使用的能源吧！

生物类能源

所有生物活动的过程，就是各种形式的能不断转化的过程。例如植物进行光合作用时，将光能转化成有机物中的化学能，人类则通过消化作用，将食物中的能量转化并储存于人体中，这些能量会被用来调节体温，维持心脏跳动，帮助肌肉的收缩和舒张，以及进行其他生命活动。

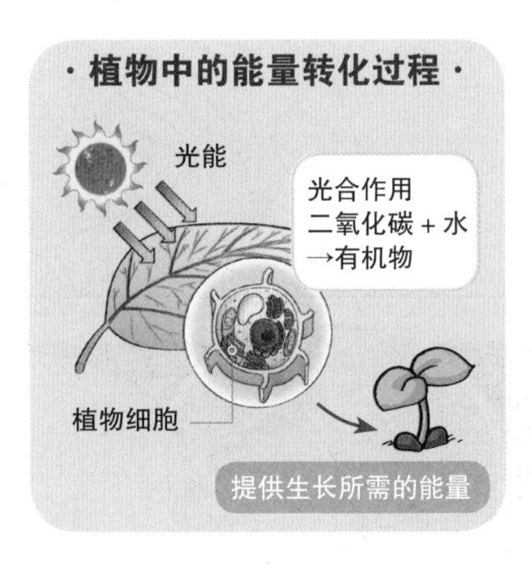

家中最常用的能源

家里的电视、收音机、微波炉、熨斗、冰箱等家电，都是利用电能来运行的。发电厂把电能通过电缆输送到每个家庭，然后，电能就会被转化成其他形式的能量来使用。例如电灯泡就是把电能转化成光能，暖炉则是把电能转化成热能。

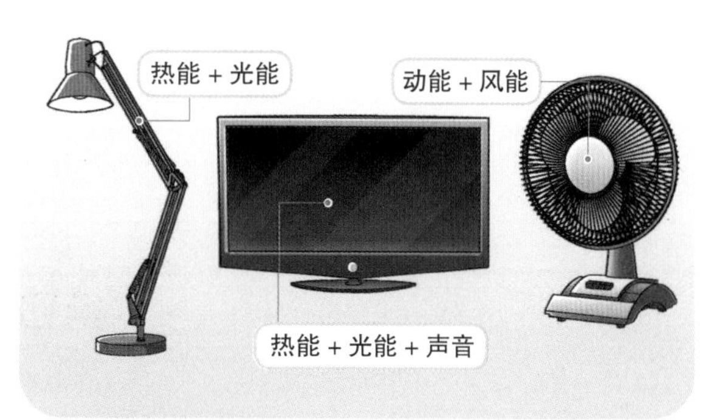

家电的能量转化

交通工具常用的能源

最具代表性的交通工具——汽车，使用的能源主要是石油。以前的蒸汽火车是通过燃烧煤炭把热能转化成动能，现在的汽车则是由燃烧石油中的轻质产品或液化天然气获得动力。如今，由于大众对于可再生能源的兴趣逐渐提升，市场上也推出了以氢能和电能为动力来源的汽车。

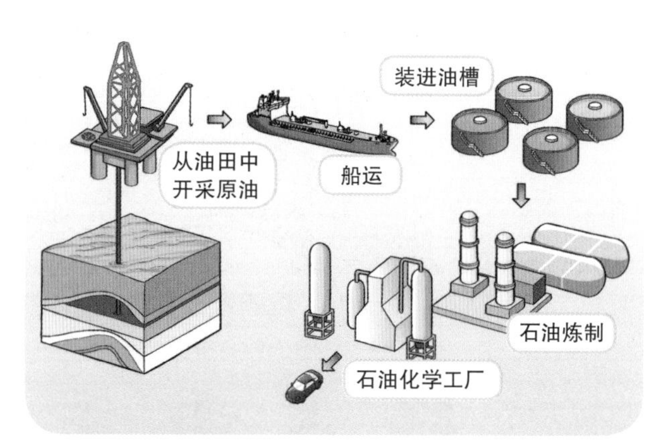

石油的利用过程

小贴士 生活中如何节约能源?

能量从一种形式转化为另一种形式的过程中，若是伴随产生大量的热能，则能效就不高。换句话说，只要减少多余热能的产生，就能节约能源。国家能源局为激励厂商投入高能效产品的开发，积极推动节能产品的认证，贴上这个图标，代表能效是符合国家认证标准的，不但品质有保障，更节能省钱。希望通过节能产品认证制度的推广，鼓励人们使用高能效产品，以减少能源消耗。

第四部

疑点重重的影片

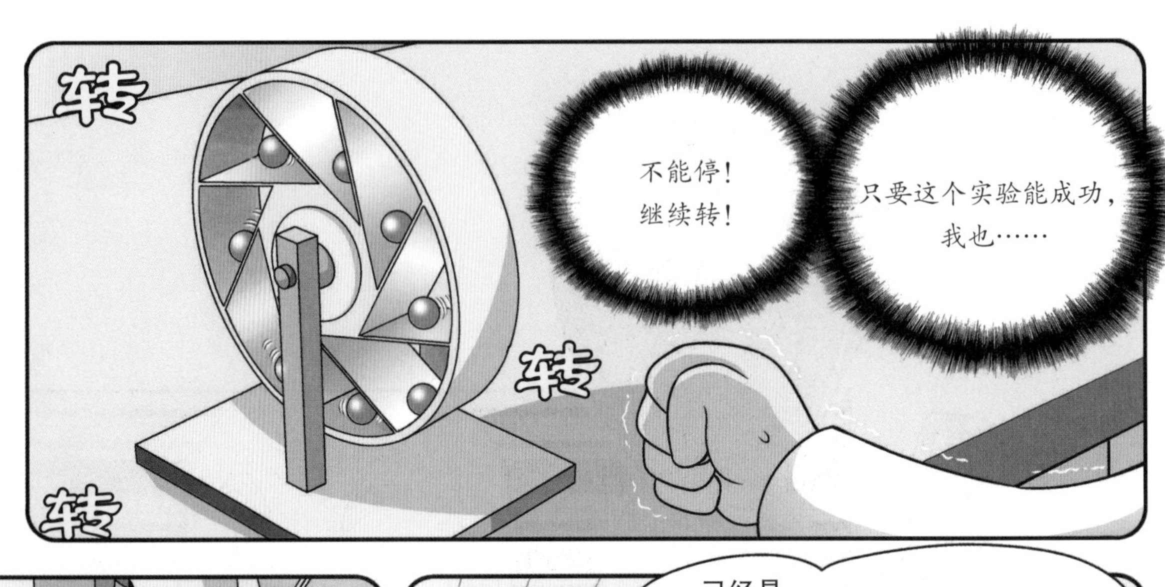
转
不能停！
继续转！
只要这个实验能成功，
我也……
转
转

慢慢
停住
啊……
究竟为什么会
停下来啊？
已经是
第十五次了！
也该放弃了吧？
怒火
什么放弃？
我们使用的能源中
有 85% 是化石燃料，
不知道哪一天会用完，
你现在是叫我袖手
旁观吗？
煤炭
液化石油气
石油

谁不知道这个问题的严重性？但你说要在这么短的时间内，发明出不需要化石燃料也能永久运转的永动机也太不像话了嘛！
大怒
你知道工业革命花了多长时间，才有今天吗？

不能这么说！若能源不足，世界各地都会发生大规模的停电，甚至引发战争！
化石燃料累积100万年的量
=
世界1年的能源消耗量
再加上人类对能源的需求量越来越大，再这样下去，过不了多久，就要发生能源危机了！

不是研发出核能了吗？
没错，另外还有太阳能、地热能、水能、风能、潮汐能等替代能源也都在开发中。
核电站
水力、风力、太阳能发电厂

可是只要我能研发出这个，就再也不必担心能源问题了！
嘿嘿
我要把人类从能源危机中拯救出来！
嘿……
许大弘，你说你要拯救人类？
一震

你看着我的眼睛
老实说！
笑
坐立
不安
你这么执着于
这个实验的真正
原因是什么？
刚刚不是
说过了吗？

咔嚓
大家都在
这里啊？
士元！
你来得
正好！

嗯？
快来救救我！
那是什么
意思？

锵
你看！

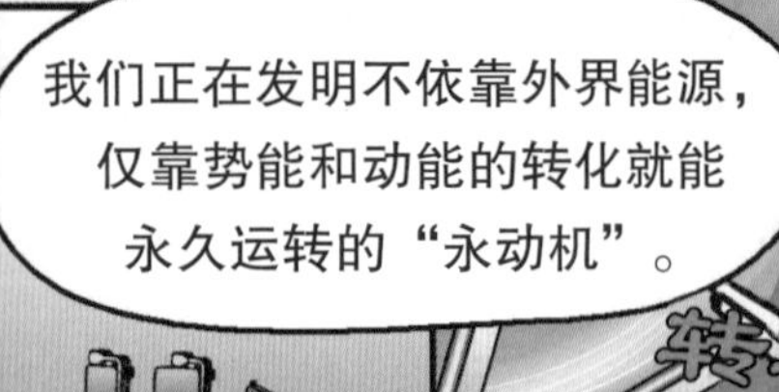
我们正在发明不依靠外界能源，
仅靠势能和动能的转化就能
永久运转的“永动机”。
转转
这是从过山车的能量
转化中得到的灵感。
嗖
缓慢

缓慢

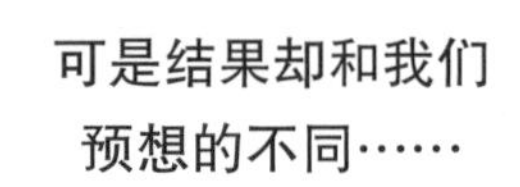
可是结果却和我们
预想的不同……
转转
嘎
一直停住。

你觉得问题是什么呢?
嗯……
做得很坚固呢!
吞口水
但永动机在现实中是不可能的事。
什么?
不可能?

早在很久之前就有许多人跟你一样尝试发明永动机，但结果证明这是只存在于想象中的装置罢了。
理由很简单，
转动
转动
珠子在格子里碰撞时会产生热。

热会造成机械能的损失，最后让永动机停止运转。
不!
这不只是想象中的装置!
我一定可以发明出来!还给我!
猛扯

哦……对啦，
是我想错了。
嗒
毕竟它也算证明了能量
守恒定律啊！
你竟然想到要发明这个，
我连想都没想过呢！
真是太厉害了，
不愧是我的朋友！
!!
我一直都只想着
要赢你……
不管是那个时候，
还是现在……你跟我
都不一样……

哐
当
对你来说，
我不是对手……
闪亮

还好吗？
心怡，你还好吗？
同学，看看我！
你看得见这个吗？

松口气
呼！
心怡，辛苦你了。

就算我有所动摇，
你也从没变过……
反而一直
是朋友！
但我却……

还好体温正常，脉搏
正常，呼吸也很稳定。
冷不防
现在虽然是受到
惊吓的状态，但只要
稳定住——

才不是！
不要把
好好的人
当病人看待！
啪
大力
还是快点儿把这扇门
修好吧！

苦笑
哦……
我一定
把门修好。
看来你没事了，
那我也先走
一步。
傻！
松口气

你为什么……
出来
止步
踩
心跳加速
为什么一直还愿意当我的朋友？
我……
我从来没做过卑鄙的勾当！不管是和你们的比赛，还是和大星小学的比赛……
我一直都是正正当当地做实验！
怦怦

拜托你们相信我！
哇啊！
你有没有是非标准啊？
你把申请表偷走，还毁灭证据，这也叫正正当当？
那……那是……
我只是去确认艾力克讲的话是不是真的。
可是看到申请表的时候，我也不晓得怎么搞的……
一冲动就把它给……
等我回过神才发现我手上拿着撕下来的申请表。
你真的认为是那个原因吗？
什么？

你根本就知道实验意外那天发生了什么事！
可是你却装傻！
不！我是清白的！发生意外那天，我只看到校长走进你们的实验室，其他什么都不知道！
我也不晓得是不是校长做了那种事情！

你的意思是校长亲自谋划了那件事？
锵
锵
我说的是真的。
我只知道这些。
就看你们了。
要不要相信……
……

沙沙
沙沙
喂！你不能就这样走掉啊！
等等，许大弘！
抓
放开！
江士元！你又要干吗？
甩

!!
锵锵
大吃一惊

嗨，小宇！
开怀

你是什么时候出现的？明明刚刚厕所没人啊！
抖抖抖抖
啊！
你为什么在这边？

范小宇！看来你要多培养观察力了哟！
刚刚我在厕所里一直看你，可是你完全没发现，我就走掉了。
这边没有！
笑
哐当

无奈
你干吗看我？而且在厕所里？
习惯这种东西还真可怕……

评议会议马上
就要开始了！
在那之前要赶快
找出证据来！
比起
这个……
转身
转
所以说……

对呀，
证据！
这里面有
唯一的证据！
啪
啪
啪
喂！

我说的证据，
不是那张肮脏
的纸……
啪啪
出来！
哗啦

你们真是
死脑筋呢！
刚刚许大弘
不是讲了一个很
确切的证据吗？
确切的证据？
转

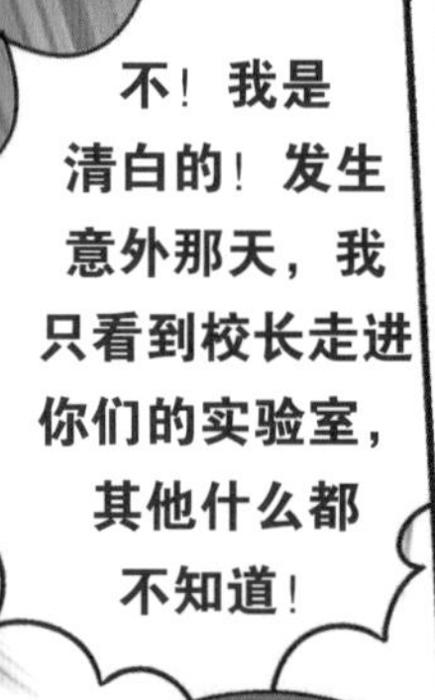
不！我是清白的！发生意外那天，我只看到校长走进你们的实验室，其他什么都不知道！

为了防止意外，比赛场所多个地方设有24小时运作的监控系统。
而且监控录像在一定时间内都会保存在管理室里面。

转
哐当
如果许大弘说的是事实，那么太阳小学校长进到我们实验室的画面……

一定被录下来了！我们只要找出那个画面……

柯有学老师就能回来了！

哗啦！
我们快去找吧！

等等！
停住

恶臭
那我到现在为止……
到底是为了什么？
恶臭
恶臭

恶臭
恶臭
没关系，我就说没问题了！没有味道，真的！
我还有事，先走了！
一起走啊！
小宇，抱歉，我先走了！
沙沙沙
等等我！
快逃，臭味飘出来了！
嗒嗒嗒

稍早

会议开始。
哐当
请所有人到会议室集合。
沙沙
沙沙

沙沙
沙沙

现在开始针对黎明小学的实验意外，召开指导教师柯有学的评议会议。

嗒
嗒
嗒
加快脚步！

没有更快的捷径吗？
嗒
嗒
嗒
快到了！

砰
学生受到
伤害了！
再加上这件事
严重地侮辱了
大会的名声！
这件事
不可饶恕！
绝对不能再
发生这种事！
一定要
严格处分！
抖抖
抖抖
太侮辱人了！
你怎么能说出那种话？
大怒
黎明小学校长，等会儿会给您
发言的时间，请少安毋躁。
令人生气！
咬牙

窃窃私语
讨论
恨
可恶，所有人都被太阳小学校长的发言动摇了……
再这样下去……

丁零
丁零
咦?
视频?
在这个时间是谁……
嘀
练习室视频?

?!
嘀
啪
13:37
瞧
13:37
慌张
13:37
13:37
13:38
锵
锵

安全管理室
外部人士禁止进入
来，
在这边签名。
沙沙
我看这好像是
很要紧的事才先拿给
你的，明天一定要请
老师亲自过来啊！
好，谢谢您。
沙沙
叮咚
信息传送完毕
返回
抖抖
抖抖
会议室
这个……
是谁？

啊！
该不会他们也看到这段视频了吧？
锵
不行！

竟然做出这种勾当，还有脸说话！
无耻！
转
瑟缩

嘀咕
这是上天在帮助我们！只要公开这段视频，所有问题就都解决了！
嘀咕
……

等一下！
举手

站起
有一件事一定要让各位知道！
怒视
我就……
要是这件事被公开……
小学校长操纵比赛
消息指出，该小学校长为进军奥林匹克竞赛，竟不惜伤害黎明小学……
罪魁祸首真是名校太阳小学……
遭遇“意外”的小宇同学
校长本人……
孩子的未来……
喊叫
对我们的小孩负责
太阳小学校长下台！
我们要真相！
喊叫！
完蛋了……

太阳小学实验社
被取消比赛资格
锵
不只是我，
用欺骗赢得
比赛资格？
解散明星小学——
太阳小学实验社？
不光彩的胜利
太阳小学事件，被害者是？
锵
连我们学校的学生
都会受到牵连！
旋转
旋转
紧抱
我到底做了
什么事……
旋转
我可以说句话吗？
起身
柯有学老师？

诚如大家所知道的，
我曾经因为实验意外
而被迫离开我的学生。

让学生受到伤害的歉疚感，
让我好长一段时间都没有
勇气站上讲台。

但这些学生和我不一样，
他们克服了意外带来的冲击和伤痛，
相当帅气地成为自己人生的主人。
不安
我看着这
一切，领悟到
一件事。
那就是老师
能为学生做的，
并非替他们打点好
未来的路，而是在一旁
默默守候，看着他们
靠自己的力量成长。

我们是为了赢才来这里！
太阳小学不能失败！
这次虽然输了，
但也是场很有意义
的比赛……
只有胜利才是
有意义的比赛！
这都是为了
你好！
我一直
以为让他们
进军奥林
匹克才是
我的
责任……
我今天站在这里的目的，
就是希望大家能一起守护我们的孩子，
让他们不要因为大人的野心而走上歧途。
我相信在这里的各位
都跟我有一样的想法。
我退隐也没关系，
但希望大家别忘记，
要做一位守护我们
的孩子的老师。
锵
他为什么不说？
为什么？

会议室
还没结束吗?
会议室
也开得太久了吧?
坐立不安
老师应该看到
我们传的视频了吧?
什么啊?
还没结束?
为什么
这么久?
嗒嗒嗒
恶臭
恶臭
站住!
惊
你不要再
靠近了!
还有
味道吗?
我都擦
干净了啊!
嗅嗅
嗅

等待的时间
你到那边去！
恶臭
恶臭
会议室
连心怡
也……

到底要等到什么时候？
让开，我来偷听！
摸
啊！
听见了！
紧贴
很好，所有人的
意见都交了。
一致通过！
！！
一致通过？
怦怦

实验中发生的意外，
指导教师的惩戒权，
属于该校的权利范围，
因此决定交由该校校长处理。
抖抖
哼……
抖抖

会议结束。

意思是？
砰
砰

哐当
哇
吃惊
老师可以回来了！

老师！
哗啦
小宇！
您再也不可以
消失不见了啊！
一定要一直
待在我身边！
好，我会的。
恶臭 恶臭
放开
你的手……
不过……
我要一直
跟老师
黏在一起！
这是什么
味道啊？
恶臭

动手做过山车

实验报告	
实验主题	不靠外来动力，仅就势能和动能的转化来增加铁珠的动能，进而完成竖直面圆周运动。
准备物品	❶ 有孔的木制底座 ❷ 包胶铝线 ❸ 螺丝 ❹ 珍珠板 ❺ 钕铁硼磁铁[1]（直径 10mm，8mm） ❻ 螺丝刀 ❼ 铁珠 ❽ 30 厘米直尺 ❾ 扎线带 ❿ 笔记用品 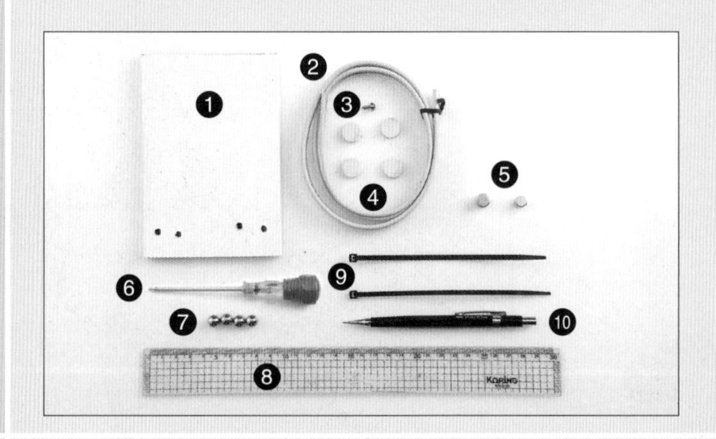
实验预期	依靠过山车的势能和动能转化原理，以及应用磁铁能使铁珠加速的原理。
注意事项	❶ 包胶铝线必须做好轨道的曲线，弯曲不平有可能导致铁珠滚出轨道外。 ❷ 用扎线带把包胶铝线固定在木制底座上时，一定要预留钕铁硼磁铁的空间。 ❸ 钕铁硼磁铁吸力强，一旦吸住就很难再分开，记得要与其他实验用品分开保管。

注 [1]：钕铁硼磁铁主要材料包括稀土金属钕（Nd）32%、金属元素铁（Fe）64% 和非金属元素硼（B）1%，广泛应用于电子产品，例如硬盘、手机、耳机等。

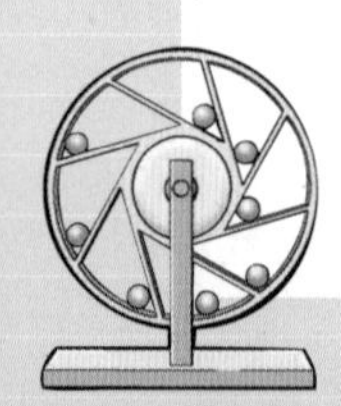

实验方法

❶ 在包胶铝线一端约 13 厘米处用笔做记号。

❷ 木制底座下方贴上珍珠板当作基脚。

❸ 将包胶铝线从❶做记号的部分折起，用螺丝牢牢地锁在木制底座上。

❹ 用剩余的包胶铝线大致弯出合适的轨道。

❺ 用扎线带从底座下方往上穿过，固定住包胶铝线。这边记得要预留钕铁硼磁铁的空间。

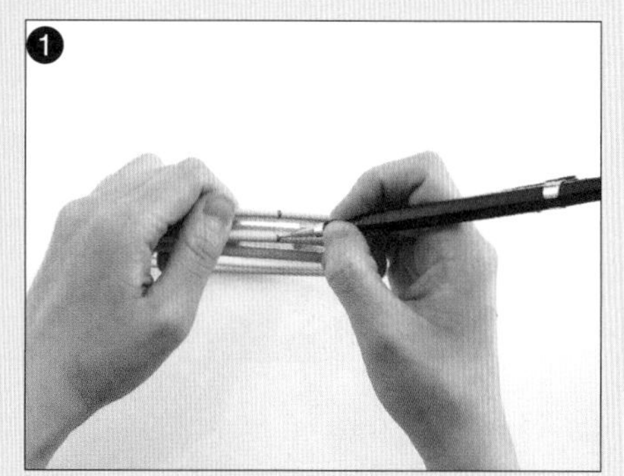

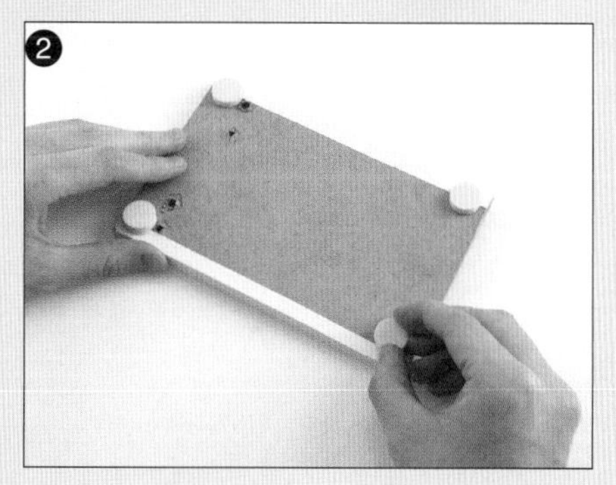

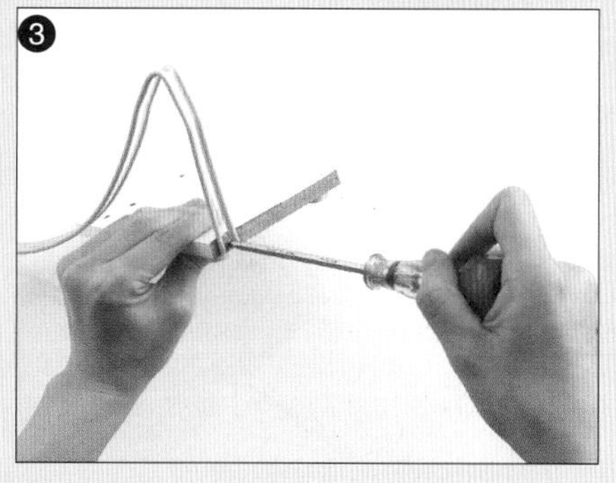

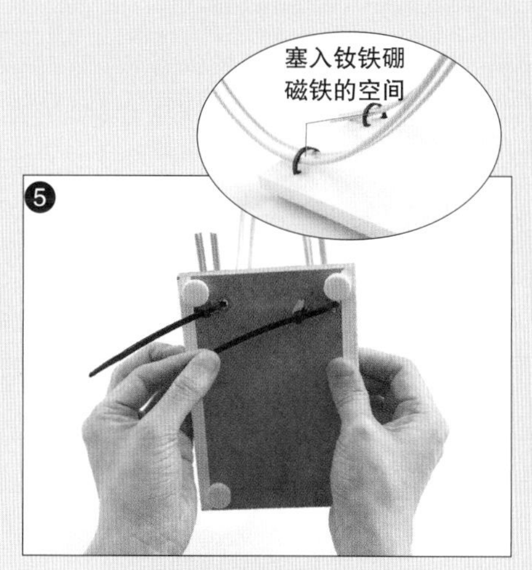

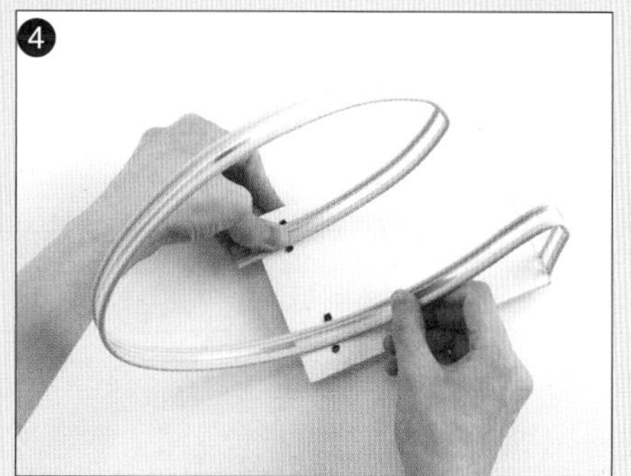

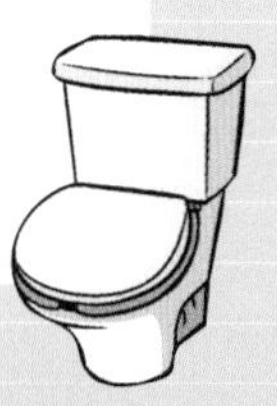

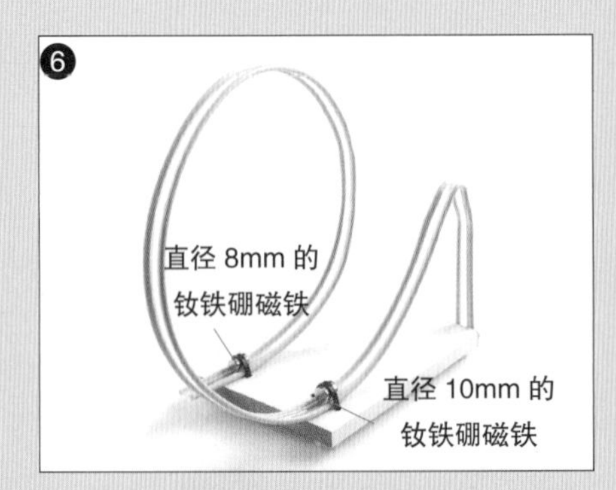

❻ 将直径 10mm 和 8mm 的钕铁硼磁铁分别塞到扎线带和包胶铝线之间。

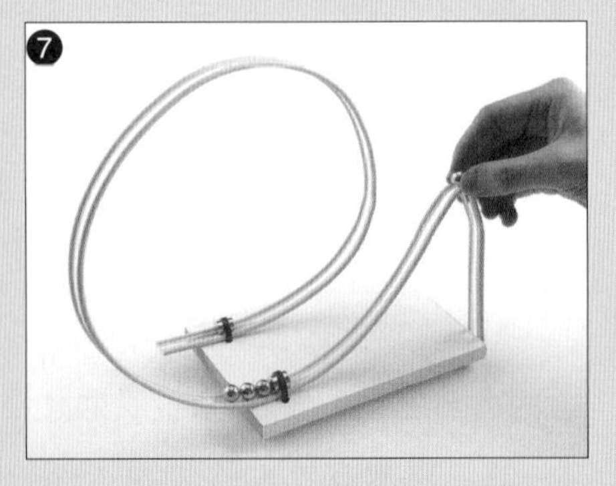

❼ 在直径 10mm 的钕铁硼磁铁前摆上 3 颗铁珠，另拿 1 颗铁珠从出发点开始滑放。

实验结果

铁珠一由出发点往下掉，钕铁硼磁铁最前面的铁珠立刻沿着轨道滑至终点。

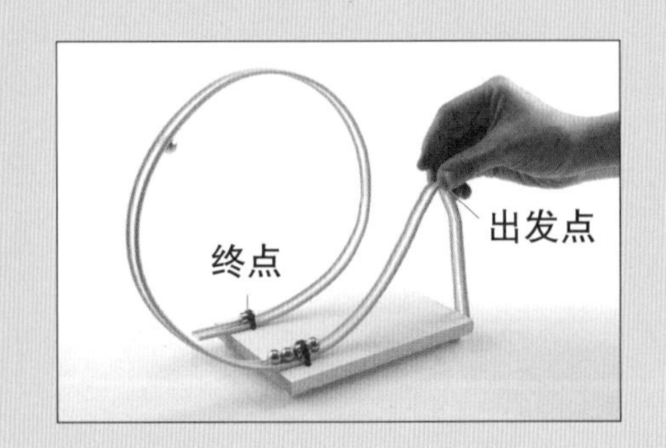

这是什么原理呢?

在不使用磁铁的情况下，铁珠的出发点高度必须大于圆圈轨道直径的1.25倍。但在使用磁铁协助的情况下，出发高度就可以降低一些，这是因为磁铁的左方放了3颗铁珠。铁珠撞击磁铁后，左方的铁珠就会被弹出1颗，因为这颗被弹出的铁珠原先的位置距离磁铁较远，其储存的磁力势能较小。而磁铁右方的入射铁珠在撞击后距离磁铁较近，会释放出较多的磁力势能，因此在撞击过程中就会将多出来的磁力势能转化成弹出铁珠所增加的动能。这样最前面的铁珠的动能就会比入射铁珠还大，从而能顺利绕行圆圈轨道。如果最前面的铁珠因为速度太慢而无法绕圈时，可以在磁铁左方增加铁珠数量。

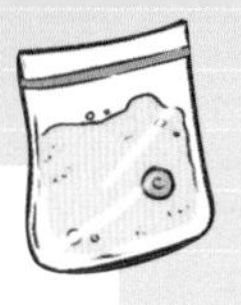

博士的实验室2

强大的能源

地球上常规能源的根本，也是传统的能源，就是太阳能！

近来通过集热板收集太阳能发电，可以说是太阳能应用的一大进展啊！

此外植物也会利用太阳能进行光合作用，人又吃植物和动物，所以说太阳能是几乎所有能源的根本。

另外风和水等也会受到太阳的影响，所以也可以说风能、水能来源于太阳！

第五部

甜蜜蜜的实验

春川辣炒年糕
巴黎三明治
我吃撑了！
吃太多了吗？
老师回来了，我不用吃，肚子就饱了！
美好！
先擦掉你嘴上的饭粒再说吧！
哈哈
也该下来了吧？
不！我是绝对不会下来的！
老师就由身为弟子的我来守护！
紧
抱
每天都只会用嘴巴说自己是弟子。
石化
要当弟子至少要像艾力克一样吧？
那个不讲义气的家伙，提都别提！
咦？

辣炒年糕 3 份、火腿 4 根、蔬菜 1 份，还有……
可乐 9 瓶！
还有血肠 3 份，猪肉水饺、泡菜水饺各 1 份，
培根串烧 3 根，寿司卷 3 条。
飘浮
飘浮
飘浮
可乐

竟然吃了这么多？
啊……
暴风吞入
嚼嚼嚼
好吃
这些像怪物一样的小子！
呵呵
哈啊！

啊！还有在隔壁点的蔬菜三明治。
砰
砰
砰
一共是 798 元。
我是素食主义者。
怎么连士元你也……
最高级的有机蔬菜三明治！
空！

欢迎再次光临！
下次来的时候，
饮料免费哟！
抖抖
抖抖
哇！
笑！
没想到你们
这么能吃……
唰唰唰唰
哎哟，跟老师
回来的喜悦比起来，
这点儿钱没什么啦！
怒火中烧
寒战
我会做这么
大的牺牲，
并不只是
为了庆祝老师
回来……
清嗓
而是为了
明天……
在全国大会决赛上
获得真正的首胜！
首胜？
怦然

没错！和未来小学的比赛只赢了一半，
明天和大星小学的比赛一定要取得完美的胜利！
好！拿回全国大会决赛的首胜吧！
猛抓
跃下
呼！

明天就是和大星小学的比赛了！
怦然
我们一定办得到！
怦然
老师也跟我们在一起！
怦然
闪闪
闪闪
那个……校长……
闪闪
闪闪
怎么了？

冒火
如果您真心
希望我们赢得
第一名，

如果我真心
希望你们赢得
第一名？
怒火

那就请我们吃餐后甜点吧！
锵
萎缩
棉花糖
5元

旋转
哇，
是棉花糖！
嗯，好香甜的味道。
嗅
老板，6根
棉花糖……
哎呀
捂住

捂住
所谓的
棉花糖……
虽然外表看起来好吃，
但其实就是砂糖而已！
实验家怎么可以被那种
华而不实的外表迷惑呢？
呜……
再说……

今天的
庆功宴，
已经花掉
我一个礼拜的
零用钱了！
飘
飘
空
恻隐
连讲都讲不出口，
校长该有多伤心啊？
今天的宴会就到此
结束！所有人解散！
嗒
嗒
嗒
校长，谢谢
您的招待。
我们明天
一定会赢的！
回家小心哟！

虽然可惜，
但也没办法啦！
嗯，棉花糖就
等下次再吃吧！
转转转转
粘住

让我看看，
我还有钱吗？
我小时候也很喜欢
吃棉花糖……
翻
翻
那时候每天都绞尽脑汁，
就为了吃棉花糖呢！
！！

等等……
老师喜欢
棉花糖？

老师喜欢吃棉花糖啊？
对，那时候我的梦想是
成为卖棉花糖的老板。
剩下来的都归我！
大口
棉花糖
5元
哈哈
……

您和小宇好像呀！
小宇还说他要去卖棒棒糖
赚零用钱，
结果都是
他自己吃掉的。
狼吞虎咽

你有印象吧？
哈哈
转
这是真的吗，
小宇？

嗯？
难怪我觉得背后少
了什么东西……
他去哪里了？
惊惊
蒸发
也不说一声，
跑到哪里去了啊？
不知道又要闯
什么祸了……
嗖嗖嗖嗖

嗒
嗒
嗒
嗒
嗒
图书馆
嗒
嗒
嗒
乒
乓

嗒
A10 地球科学
← 地球 化石 →
我记得
我看过！

应该在这
几页啊……
啪
啪 啪

!!

找到了！
制作棉花糖
就是这个！

化学实验
只要有这个，就能证明我真的是老师的弟子了。
锵！
嗖嗖嗖
化学实验
哈哈哈

图书练习室
材料都齐全了。
让我找找，
制作方法是……
准备两个铝制瓶盖，
将其中一个挖出硬币大小的孔洞，
嗒
嗒
嗒
另外一个在侧边
穿出一些小洞，
把两个瓶盖内部相对，
用铁丝捆绑。
在侧面有洞的瓶盖中央穿出
一个小洞，用来安装马达。
嗒
嗒
嗒
把电池和马达相连，
转转转
然后取一枚螺丝套在
马达轴芯上，在小洞
内部旋紧。

将马达固定在平面上，确保马达能够平稳运转，棉花糖机就做好了。
最后在棉花糖机旁边围上铝箔纸，就大功告成了！
现在只需要先点火，并启动马达，放上几匙糖，
就可以做出棉花糖了！
转转转
锵锵
真是太简单了！
摇
摇
化学实验

沉思
我按照说明书上讲的做，可是怎么好像哪里不太一样啊？
破烂
闪亮
难怪我觉得不太对劲……

要是小刀在身上，我就能做得比说明书更棒……
明天比赛一结束，马上再来重新做做！

用蜡烛取代瓦斯罐加热，
唰

转转转
再把马达连接上电池……
嗒嗒

放上一匙糖……
伸
转转转

沙
沙
沙
转
转
转
哎呀！

啪啪啪
有了！

转转转
一朵
一朵
哇！

成功了！太好了，
真的是棉花糖！
太棒了！
旋转
不过……

这就没了？
哎呀
这个量连我想的
一半都不到啊！
蓬
松
而且还烧焦了！

嗯……
照理说，棉花糖应该柔软蓬松才对，怎么会这样呢？烧焦又是怎么一回事？
是糖放得太少了吗？
会烧焦应该是火太大的问题……

看来你还没找出失败的原因啊？

又是你？神出鬼没到我都不觉得惊讶了。
傻笑
嗯，我看你好像需要帮忙。

我不需要帮忙！
原因不是很明显嘛！你看这糖的样子，

问题就出在火力的大小！

或许是马达的转速！

马达的转速？

对啊，的确有可能像你说的，是因为火太大了，砂糖熔化速度过快才失败，
但还有一个可能，那就是马达旋转得太慢，导致砂糖无法从小洞中旋出。
啊……对呀！
如果能检查两种可能当然很好，
但其实只要改善某个原因，就能轻松解决问题了。
笑
那样的话，直接改善这个实验的核心原理，不是更有效吗？
棉花糖的做法……
核心原理？
是把砂糖加热熔化成液体，
因为马达的旋转会将糖液往外旋出，熔化的砂糖才会变成棉花糖。

这么来说，棉花糖的核心原理就是……
离心效应！
笑
没错！物体做圆周运动时，有一种将物体由中心向外甩出的惯性作用！
哗啦啦啦
离心效应就是棉花糖机使用的原理！
只要提高转速，就能解决这个问题了！
嗒嗒嗒嗒嗒

嘿嘿
先把马达替换成马力更强一点儿的马达。
那棉花糖机的尺寸应该可以做更大一点儿吧？

不过……这个马达是实验室里最强的吧？
只要装上像引擎一样的高性能马达就能解决了。
嗯！
嘻嘻，我果然是天才！

你就不用谢我了，
能帮到你我就很开心了！
等等！
大星小学和
太阳小学的比赛
主题就是这个。
你还记得吗？
思考
不知道啊，
人家又没看。

那时候大星小学的实验，
就跟这个实验一样，
利用了
向心力。
?！
把大小轮子连接
在一起，只要转动
大轮子，就能带动小
轴芯更快地转动。
很好，
就是这个！
!！
并不一定要
利用马达才能
提高转速。

问题一个个解决了呢！
我当时怎么没想到呢？
啦啦
啦啦
小宇，等等，听我说……

大轮子和小轴芯大概这样就可以了，
啊！还需要固定的东西。
翻找
翻找
那个……

我觉得啊……
很好，这个刚刚好！
握

先套上连接两个轮子的传动带，
你听不见我说话吗？
哭
再做一个把手就完成了。
嘎嘎
嘎嘎
咦？还不错嘛！
啊！
这……
又冷又孤单！
这是怎么回事？
唰
唰
唰
唰
明明是两个人在一起，却觉得只剩我一个人！

嘎嘎
旋转
旋
转
啪
啦
啦
啦啦
好快！
哇哇哇
这个速度比
马达还快！
抽泣 抽泣
嘎嘎
大轮子旋转 1 圈的同时，
小轮子会旋转 4 圈，
转速超快的！
旋转转转转
嘎嘎
嘎嘎
现在只要在转速更快
的小轮子上面，
装上棉花糖
机器就行了！

大轮子可以单靠手的力量转动，不使用电池。
而且这个方法还很节省能源！
不仅如此，只要花转动大轮子的力气，就能让小轮子更快速转动，这样就更省时了！
节省能源
节省时间
嘎嘎
嘎嘎
这才是所谓的一举两得！用小能量制造出大能量！
哼！
小能量是不可能制造出大能量的！
使用机械只能省时或省力，但不能省功的。
听好了！
大轮子和小轮子的差别只在于，
转速！
唰唰
唰唰
旋转转转
你只不过是利用大轮子加快小轮子的转速罢了，但做的功都是一样的。假设大轮子只要转一圈就能带动其他物体转动，改用小轮子时就必须转上好几圈，所以做的功都是相同的。
咦？
那是什么意思？

听懂了吗？
快拜师！
锵锵

发光了！
噢噢噢噢

窃窃私语
你不要跟别人提到
你刚才讲的话，
那等于是在告诉别人
“我很没常识”。
因为我们是朋友，
我才跟你说这些的。
傻笑
要记好了！
没常识……

另外，做的功一样，
这也可以说是
能量守恒定律的
必然结果。
啊，能量
守恒定律？
！！

能量守恒定律！
能量只是形式改变，但总和绝对不会发生变化。
$E=mc^2$！
啊……
什么？
全都是在讲同一件事！
但有客观不变的定律！
没错！
就像能量的形式会发生改变一样，
是的！
有一件事是不会改变的！
虽然所处的环境和状态不同。

自言自语
$E=mc^2$！
什么？
吃惊
等等！
你连那个都知道？
直到现在，
我才……
……
？！

好像稍微了解
就是……
柯有学老师和
艾力克、士元他们说
的话是什么意思。
我们不变的能量……

制作暖宝宝

实验报告	
实验主题	利用醋酸钠过饱和溶液结晶时的放热原理取暖。
准备物品	❶ 电子秤 ❷ 醋酸钠 100 克 ❸ 酒精灯 ❹ 石棉网 ❺ 三脚架 ❻ 塑料封口机 ❼ 塑料袋 ❽ 金属子母扣（摁扣） ❾ 烧杯 ❿ 滴管 ⓫ 水 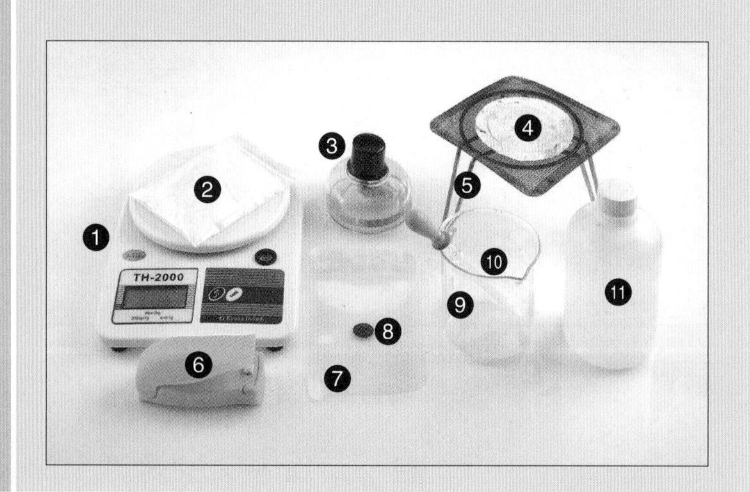
实验预期	醋酸钠过饱和溶液受到外力冲击时，会快速凝固并释放热能。
注意事项	❶ 使用酒精灯时必须小心，以免引起火灾或被烫伤。 ❷ 用塑料封口机把塑料袋完全密封（若无封口机，可以用夹链袋替代）。 ❸ 实验时需准确称量醋酸钠和水的量。

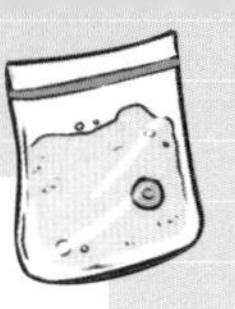

实验方法

❶ 烧杯注水加热。

❷ 塑料袋内同时装入 100 克的醋酸钠和 12 毫升的水。

❸ 在摁扣内先装入醋酸钠粉末，轻轻扣上后放入塑料袋内。

❹ 用塑料封口机把塑料袋口密封，把塑料袋放入热水中加热。

实验结果

原本是固态的醋酸钠，一碰到滚烫的热水就会完全溶解，取出塑料袋并冷却至室温后，按压摁扣，醋酸钠又会再度结晶成固体并释放热能。

这是什么原理呢？

将100克的醋酸钠和12毫升的水一起加热，会形成醋酸钠过饱和溶液。所谓的过饱和溶液，指的是溶质浓度大于同温度下饱含溶液的浓度，因为温度升高后溶解度会增加。回到常温的过饱和溶液状态相当不稳定，通常只要稍微受到扰动就很容易产生结晶。但在这个实验中，过饱和醋酸钠溶液却无法因为震动而结晶，因此必须先在摁扣内放入当作晶种的醋酸钠粉末，通过按压摁扣而将晶种弹出至溶液中，让晶体生长，并放出结晶热。（液体暖宝宝中使用的是具有专利的金属片）

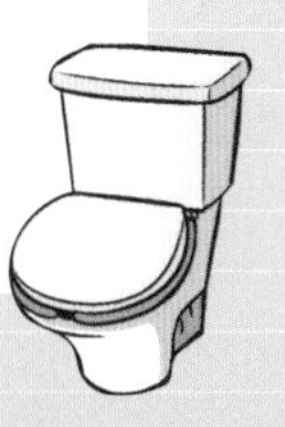

第六部

我要成为实验王

嗡嗡嗡嗡嗡
决赛第五回合
黎明小学VS大星小学
现在起，全国实验大会决赛第五回合正式开始。
哇哇哇哇哇
大星小学进场！
黎明小学进场！
哇！
嗯！
哇！
嗯！
吻
吻
吻

现在公布今天比赛的主题。
主题是……

机械。
窃窃私语
机械？

闹哄哄
什么机械啊？
闹哄哄
机械也能拿来做实验吗？
闹哄哄
当然了！

因为机械是把能量转换成不同的形式、或传达到其他地方的装置。
转换能量，传达装置？
点头
点头
唉
把任何事情都讲得很复杂是你的特色吗？

这么说来，只要使用像我们普遍熟知的杠杆和滑轮之类的机械就行了吗？
？！

嗯，杠杆、滑轮、轮轴、螺丝、斜面等工具，是组成机械的重要元素。
杠杆
滑轮
轮轴
螺丝
斜面
但这次的比赛不能只考虑科学原理，
毕竟机械最重要的是实用性。

我有个好点子！
蹿出
是非常奇幻的机械实验！
瑟缩
你的脸先退后再说！

我们来做
棉花糖机吧！
棉花糖机？
嗯！
我们可以做小尺寸的
棉花糖机，我昨天
试做过！
这个实验一定可以
让我们赢得今天的比赛！

你说你……
做过这个实验？

嗯！相信我
就对了！
啪

已经决定好实验主题啦？好快啊！
傻瓜！
不是这个，要更大一点儿的！
嘿
嘿嘿
生气
认真
机械和工具紧密相关，要是当时没发明出那些工具，今天很多机械很可能根本就不存在。
所以说今天的实验……
啊，这个如何？
人类的发展离不开工具的演变，工具的进步推动社会生产的工业化。
我们就来做历史中的机械吧！
嗯？
投石机
点头
极其厉害的作战工具。
投石机是古代
很好！
我不久前在电影里看过一种机器，可以把很重的石头抛得很远……
电影？
啊，就是那个！投石机！

如果能在实验中做出来，一定很酷！艾力克，你说呢？
这个机械刚发明出来时，应该很多人觉得是一台魔法机吧？
嗖！
哎

嗯，是很有意思。
但是！
思考
太简单了！单靠这个实验要获胜有困难。
期待
我也做过投石机的实验。
实验结果非常成功！
那更好了！你还是有点儿用途嘛！
尖叫
你现在才知道？
这么一来，不但符合主题，我们还有有经验的人……
好！
不！我们需要的是更复杂和难度更高的实验！
这个机器在古代一定是很伟大的发明。

以今天的机械来看，
最好是以电为动力的电动工具，或是利用太阳能等能源的机械。
嗯……做什么比较好呢？
工业革命的主角蒸汽机？
很好！
唰啦
投石机
未来科学的革命——机器手？
促进人类知识文明发展的印刷机？
决定了！
今天的实验……
艾力克，快！你不觉得很棒吗？
如果把投石机设计得更复杂呢？
所以到底是行还是不行？
嗯……

这个表情，我还是
第一次见到……
怦然
怦然
大家每次都
闪亮亮
跟从我的
决定……
但今天却不一样！
大家因为对实验的
期待而双眼闪烁着
光芒！
怦然
就像黎明小学
那些人一样！
瞧
在比赛中最重要的
就是胜利！

很好！
就做投石机吧！
不过……
有一件
更重要的事……
怦然

太好了！
快去拿准备
材料吧！
确定知道该
准备什么吧？
当然！

先准备橡皮筋……
知道了！
那就是！
一起做实验的
快乐！

锵
弹力
受到外力变形的物体，恢复到原来状态的力量。
杠杆原理
调整施力点、支点、抗力点等的位置，只用小小的力量，就能把重物抬起或搬运到远方的原理。
施力点
抗力点 支点
抛体运动
随着抛掷速度与抛射角的改变，物体会呈现不同轨迹的运动。
投石机大致涉及的就是弹力、杠杆原理和抛体运动三个要素。
汤匙和木条连接处就是支点，汤匙的头和手柄的部分则分别是抗力点和施力点。
扳动汤匙的头再松开，此时物体会因为橡皮筋的弹力而呈抛物线飞出，落到较远的地方。
紧拉
啪！
但要是这样结束就太无趣了，我们要用马达做出自动投石机。

先组装木条
和木板，
做出可以放置投
石机的架子。
锵

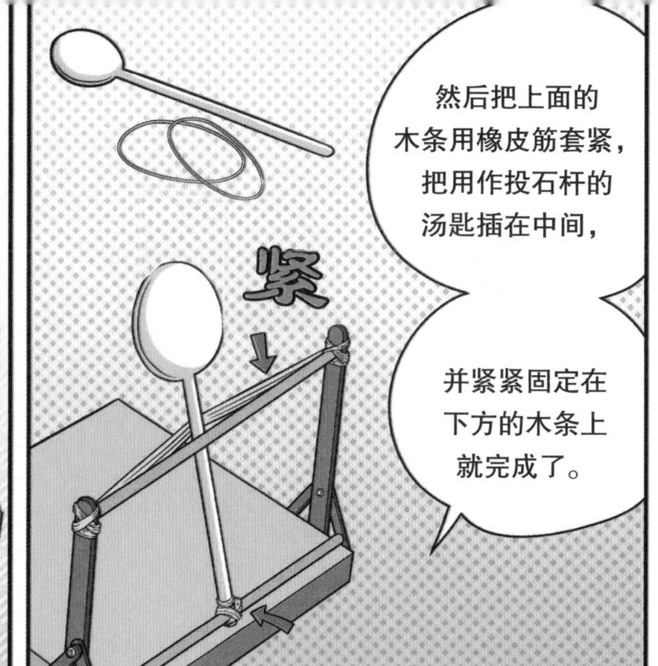
然后把上面的
木条用橡皮筋套紧，
把用作投石杆的
汤匙插在中间，
紧
并紧紧固定在
下方的木条上
就完成了。

之后用橡皮筋
缠绕汤匙头部，
紧

再把剩下的
橡皮筋绑在齿轮上。
马达轴芯套上小齿轮，
和大齿轮互相啮合，
启动马达，大齿轮
就会跟着转动。
咔嗒

如此一来，
随着橡皮筋被缠绕，
投石机也会自动运作。
锵
哇
哇
哇哇
哇

嗯
这么说……
那么

果然和预想的一样
成功！投石机正常
运作！
唰唰唰

来启动看看吧？
我们在全国实验大会
中的最后一项实验，
现在该是验收成果
的时刻了！
比

比
把橡皮放到
汤匙上，

咔嗒
就是现在！
打开电源！

下弯

啪

成功了！
接
哇
哇
哇
哇
哇
是的！
大星小学的投石机
实验非常成功！
真的是很开心的实验，
这就够了！

哇哇哇哇哇
他们在看似简单的
投石机上装上马达，
运用了杠杆原理和动力机械等
各种不同的机械原理。竟然想得到
这一招，真是相当厉害。
吞口水

您好，我来了！
回到黎明小学的实验……
锵
您是在看什么，怎么吓这么一大跳……
我今天错过你们的比赛，现在正在看重播。
哈哈
现在正要公布你们的实验结果……
我担心你们的棉花糖机没成功，刚才超紧张的。
怦怦怦
怦怦怦
笑
原来是那件事！您可以不用担心啦！

我们赢了！
嗯？

眨巴
真的吗？
眨巴
你们赢了
有艾力克当指导老师
的大星小学？
怎么会……
嘻

什么怎么会？
那当然是因为
我天才范小宇
的关系啊！
哇哈哈哈
哇哈哈哈哈哈哈哈
小宇……
我的真正价值一直
都被江士元遮蔽，
直到今天才绽放出光芒！

如果你把展示台
踩坏了是要赔的。
啊！
我马上
下去。
傻笑

话说回来，
我的小刀
修好了吗？
悄悄
当然了！

锵
来，给你！
哇！又见面了！
真的好久不见！
我帮你修理得
跟新的一样。
怎么样？打开
来看看。
热泪盈眶

你辛苦了！我不在你身边，
你很寂寞吧？
哎哟
哈哈
哈哈
我们
再也不要
分开了！
那当然了！
呼！
这把小刀可是
包含了心怡的心意呀！
真是令人感动。
鼻酸
抚摸
抚摸
你果然识货。

心怡？
叔叔也真是的，明明知道还问……
这把小刀跟心怡有什么关系？
你忘记这把刀是心怡送给我的了吗？
傻笑
实验社的朋友，那个像天使一样的女孩！
长得很漂亮的……
不是她送的啊！
唉，您该不会是健忘症吧？
疑惑
我那么认真看你们的比赛，怎么可能认不出她来？
！！
那……那是谁？

嗒
嗒
嗒
她说她领到了什么奖金，所以要用那笔钱来买小刀……
戴眼镜、头发很长的女学生。
喘
喘
喘
喘
原来你不知道啊？
还一直跟我确认，
这就是你要的小刀。

原来不是心怡？
小宇……
我认识的小宇比谁都强，
你一定会很快好起来的！
没错！当时
那个声音……
紧握
你的朋友都很关心你， 所以你……
一定会醒过来的！
怦
怦
是小倩！

嗒嗒嗒嗒
我连这个
都不知道……

我怎么会
那么愚蠢？我好想
回到过去啊！
笨蛋
笨蛋
懊恼

不是女朋友啦！
是实验班的朋友送我的。

站稳
现在我能做的……
没错！

跆拳道社
就是去找小倩，
向她道歉。
啊哈！
跆拳道！
沙沙

哐当
哐
小倩！
你停下手边的
动作听我说！
我向你道歉，
是我错了！
对不起，
请原谅我……
？
停住

傻笑
咦？小倩
不在吗？

你在干吗？
吓我一大跳！
啊，
耳膜要
破了！

左顾右盼
不过，小倩去哪里了？
该不会是躲在哪里吧？
我有话要跟小倩说……
哼
小倩现在不在这里。

小倩不在这里？她去哪里了？

她走了！她参加为期一个月的环岛健行。

环岛健行？
我明明就反对她去，搞坏身体怎么办？现在的时间这么紧张，真是傻瓜！
只要在下一次世界大会上表现好，就能挤进世界青年排名的前十名了……
握
紧握
该不会……

是因为我的关系吧？
嗯……
不是
因为你……
瞧
要是小宇来找我，
帮我跟他说，请他也要全力以赴！
小倩是这样说的……
这是对我来说最好的选择。
怦怦
怦怦
什么？

连要走的时候
都还在担心我？
怦怦
怕我会对她
感到抱歉？

拍

如果你真的为
小倩着想，就尊重
她的选择。
然后……
就像小倩说的，
你也要全力以赴！

！！
你们在干吗？
还不快练习！
哭！

咔嚓
全力以赴……
抖抖
抖抖

没错！
嗒
！
大步
大步
两天后，
决赛的最后
一场比赛！
大步
唰唰唰唰
我会全力以赴，
让你看到我
真正的样子！
我最好的实验！

敬请期待 科学实验王 25《齿轮与滑轮》

书中人物的实验器材操作动作仅作为艺术处理，而非教学示范。规范的实验器材操作请在专业人士指导下完成。

认识能量

人类必须摄取食物才能持续生存，机器则需要能源供给才能运转，这些现象的背后，都是靠能量来推动的。能量虽然不一定能用肉眼观察到，却存在于日常生活中的方方面面。

功和能量

在物理学中，功（w）定义为力（f）和沿力的方向的位移（s）的乘积。一、只要力做了功，就会带来能量的变化。二、能量的转换必定遵守能量守恒定律。能量（Energy）的定义由英国物理学家托马斯·杨（Thomas Young）于1807年首次提出。能量是一种对物体做功的能力，能量的单位是焦耳（J），1焦耳（J）等于1牛顿（N）的作用力使物体在力的作用方向上移动1米时所做的功。

能量的种类

能量根据存在形式的不同，可以分成生物能、化学能、势能、动能、热能、光能和电能等。

生物能是指太阳能通过绿色植物的光合作用转换成化学能，储存在生物体内部的能量，是需要经过化学反应才会释放出来的能量。物体在高处所带有的能量称为重力势能，而动能是运动中的物体具有的能量。跟温度变化相关联的是热能，发光的物体会辐射出光能，和电流相关的是电能。这些能量都能在日常生活中轻松找到，一起来看看都有哪些吧！

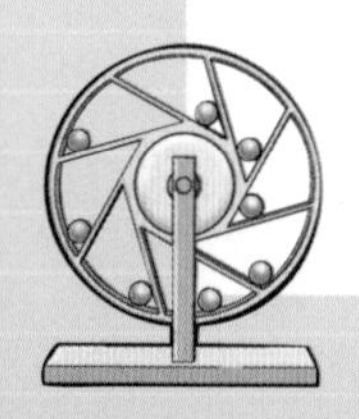

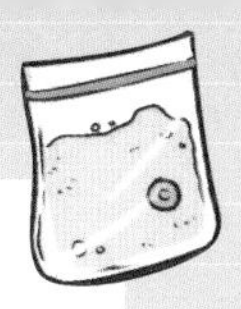

能量的种类

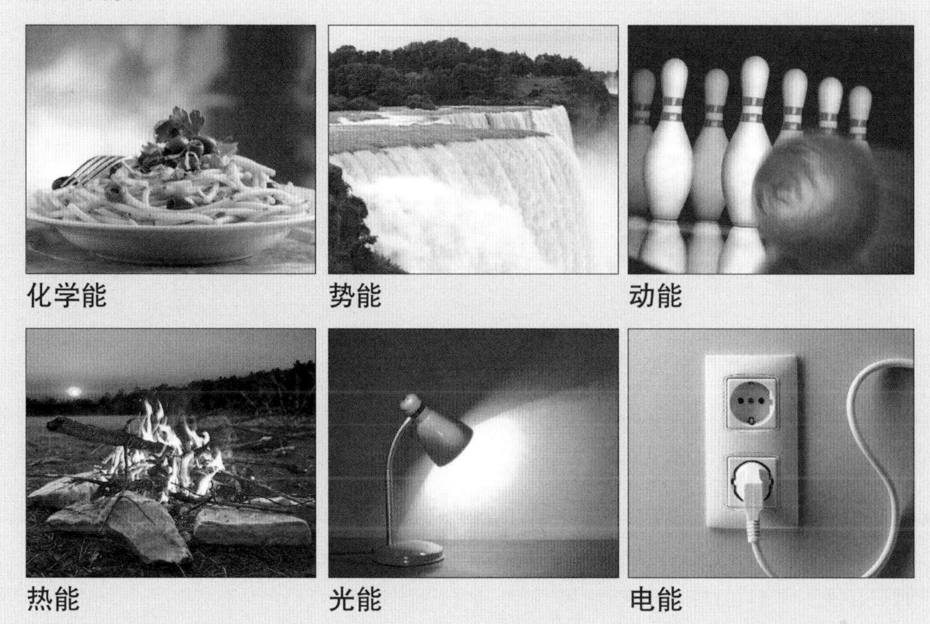

能量的转换

能量并非一种固定的形式，它可以转换成好几种不同的形式。例如进行高空弹跳时，重力势能会先转换成动能，跳下后弹力绳会被拉长，于是动能又会转换成弹性势能。另外，能量还可能同时转换成好几种形式，比如物体掉到地上时，就是重力势能转换成动能、热能和声能。不过要记住一点，无论能量怎么转换，其总和都是不变的，也就是所谓的能量守恒。能量守恒定律是自然界中的绝对定律，不会有例外。

蹦极

和过山车一样，蹦极也是势能和动能互相转换的例子。

图书在版编目（CIP）数据

能量守恒定律/韩国故事工厂著；(韩)弘钟贤绘；徐月珠译. —南昌：二十一世纪出版社集团，2018.11(2024.10重印)
（我的第一本科学漫画书. 科学实验王：升级版；24）
ISBN 978-7-5568-3840-0

Ⅰ. ①能… Ⅱ. ①韩… ②弘… ③徐… Ⅲ. ①能量守恒定律—少儿读物 Ⅳ. ①031-49

中国版本图书馆CIP数据核字(2018)第234042号

版权合同登记号：14-2015-009

我的第一本科学漫画书
科学实验王升级版㉔能量守恒定律　[韩] 故事工厂/著　[韩] 弘钟贤/绘　徐月珠/译

责任编辑　周　游
特约编辑　任　凭
排版制作　北京索彼文化传播中心
出版发行　二十一世纪出版社集团（江西省南昌市子安路75号　330025）
　　　　　www.21cccc.com（网址）　cc21@163.net（邮箱）
出 版 人　刘凯军
经　　销　全国各地书店
印　　刷　江西千叶彩印有限公司
版　　次　2018年11月第1版
印　　次　2024年10月第8次印刷
印　　数　60001~65000册
开　　本　787mm×1060mm 1/16
印　　张　11
书　　号　ISBN 978-7-5568-3840-0
定　　价　35.00元

赣版权登字-04-2018-422

购买本社图书，如有问题请联系我们：扫描封底二维码进入官方服务号。服务电话：010-64462163（工作时间可拨打）；服务邮箱：21sjcbs@21cccc.com。